"新工科建设"教学探索成果

# 数学分析选讲


• 郑 伟 杜洪波 卢建伟 主 编

• 班晓玲 王 莉 张剑宇 副主编

• 苏有慧 孙文龙 张 琪 阿迪亚 参 编

電子工業出版社

Publishing House of Electronics Industry

北京 · BEIJING

## 内 容 简 介

“数学分析选讲”是数学类专业最重要的基础课程“数学分析”的后续课程，帮助学生进一步夯实数学分析基础以及为考研做准备. 本书按专题选讲的形式编写，配有一定数量的典型练习题，包括极限、一元函数的连续性、一元函数微分学、一元函数积分学、级数、多元微积分. 本书由浅入深、重点突出，对提高数学分析水平和能力都有很大的帮助，可作为高等院校数学类及相关专业“数学分析选讲”课程教材和考研参考书.



图书在版编目（CIP）数据

数学分析选讲 / 郑伟，杜洪波，卢建伟主编.
北京 : 电子工业出版社, 2024. 6. -- ISBN 978-7-121
-48322-6

Ⅰ. 017

中国国家版本馆 CIP 数据核字第 20242HC086 号

责任编辑：冉　哲
印　　刷：大厂回族自治县聚鑫印刷有限责任公司
装　　订：大厂回族自治县聚鑫印刷有限责任公司
出版发行：电子工业出版社
　　　　　北京市海淀区万寿路 173 信箱　邮编　100036
开　　本：787×1 092　1/16　印张：11.75　字数：300.8 千字
版　　次：2024 年 6 月第 1 版
印　　次：2024 年 6 月第 1 次印刷
定　　价：45.00 元

凡所购买电子工业出版社图书有缺损问题，请向购买书店调换. 若书店售缺，请与本社发行部联系，联系及邮购电话：（010）88254888，88258888.

质量投诉请发邮件至 zlts@phei.com.cn，盗版侵权举报请发邮件至 dbqq@phei.com.cn.

本书咨询方式：ran@phei.com.cn.

# 前言

"数学分析"是近代数学的基础，是高等院校理工科专业非常重要的基础课程，是数学类专业硕士研究生入学考试的必考科目，学好这门课程对从事现代数学的理论和应用研究具有十分重要的意义. 数学分析内容丰富、综合性强、理论体系严谨、解题方法灵活巧妙，为使学生系统理解和熟练掌握数学分析的基本理论、重要思想、解题技巧与应用方法，开设"数学分析选讲"课程是必要的.

本着"少""精""新"的原则，本书的取材基于高等数学和数学分析教材又略有加深，可以视为它们的自然引申、扩充、推广、交融和深化. 在语言风格方面，尽可能体现近现代数学思想，符合数学语言规范；在内容方面，增加其他教材中没有或不易找到的内容，介绍一些前面课程未讲而又不难学会的知识和方法，提供综合训练和充实提高的机会，在新的起点上温故知新，进一步夯实基础、巩固知识、强化训练、开阔视野，从而使学生融会贯通，掌握方法，提高能力；在基本技能的训练与培养方面，用较大篇幅来剖析例题，在解题过程中启发学生打开思路，进而理解数学思想，掌握解题技巧，从而提高独立分析问题和解决问题的能力.

本书作者均具有多年教学经验，对教学内容、体系、方法和安排等，以及数学类专业的发展方向和数学类专业学生的实际情况都有深刻的了解，这使得本书更具针对性. 本书的讲解通俗易懂，有利于理解、学习和掌握数学分析内容，促进课堂教学质量的提高.

本书既可作为高等院校数学类及相关专业"数学分析选讲"课程教材，又可作为考研参考书，同时也可作为教师的教学参考书.

本书的出版得到了沈阳工业大学理学院领导和同仁的关心与帮助，还得到电子工业出版社冉哲编辑的大力支持，在此表示感谢！

限于作者水平，书中可能存在不妥与错漏之处，欢迎广大读者批评指正.

作者

# 目录

# 第1章

# 极 限

极限思想是近代数学的一种重要思想，数学分析就是以极限概念为基础、极限理论为主要工具来研究函数的一门学科．核心问题有两个：证明极限存在和求极限的值．

# 1.1 利用定义证明极限

【要点】 $\lim_{n\to\infty} x_n = A$：$\forall \varepsilon>0$，$\exists N>0$，当 $n>N$ 时，有 $|x_n - A|<\varepsilon$. 按定义，就是根据 $\varepsilon$ 找 $N$. 下面介绍两种方法.

（1）（放大法）有时，由 $|x_n - A|<\varepsilon$ 不易解出 $n$，可将 $|x_n - A|$ 放大成关于 $n$ 的函数（记作 $f(n)$）：

$$|x_n - A| \leqslant f(n).$$

于是，要使 $|x_n - A|<\varepsilon$ 成立，只需 $f(n)<\varepsilon$ 成立即可，解不等式 $f(n)<\varepsilon$，求得 $n>N(\varepsilon)$，令 $N=N(\varepsilon)$，则当 $n>N$ 时，有

$$|x_n - A|<\varepsilon.$$

（2）（分步法）有时，$|x_n - A|$ 比较复杂，无法进行放大简化，只有假定 $n$ 已足够大，例如，已大过某个正数 $N_1$，此时，当 $n>N_1$ 时，可将 $|x_n - A|$ 放大成 $f(n)$，即

$$|x_n - A| \leqslant f(n).$$

解不等式 $f(n)<\varepsilon$，求得 $n>N(\varepsilon)$，于是，令 $N=\max\{N_1, N(\varepsilon)\}$，则当 $n>N$ 时，有

$$|x_n - A|<\varepsilon.$$

对函数极限 $\lim_{x\to a} f(x) = A$ 有类似的方法.

---

**例 1-1-1** 用极限定义证明

$$\lim_{n\to\infty} \sqrt[n]{n} = 1.$$

**证** （放大法）记 $\alpha = \sqrt[n]{n} - 1$，则当 $n>1$ 时，有

$$\begin{aligned} n &= (1+\alpha)^n \\ &= 1 + n\alpha + \frac{n(n-1)}{2}\alpha^2 + \cdots + \alpha^n \\ &> \frac{n(n-1)}{2}\alpha^2, \end{aligned}$$

于是

$$0<\alpha<\sqrt{\frac{2}{(n-1)}}.$$

至此，要想 $|\alpha|<\varepsilon$，只要 $\sqrt{\frac{2}{(n-1)}}<\varepsilon$，即

$$n>\frac{2}{\varepsilon^2}+1.$$

故令 $N>\frac{2}{\varepsilon^2}+1$，则当 $n>N$ 时，有

$$\left|\sqrt[n]{n} - 1\right| = |\alpha| < \varepsilon.$$

**例 1-1-2** 设$\lim\limits_{n\to\infty}x_n=A$（常数），试证：

$$\lim_{n\to\infty}\frac{x_1+x_2+\cdots+x_n}{n}=A.$$

**证** （分步法）由于$\lim\limits_{n\to\infty}x_n=A$，故$\forall\varepsilon>0$，$\exists N_1>0$，当$n>N_1$时，有

$$|x_n-A|<\frac{\varepsilon}{2}.$$

从而

$$\begin{aligned}\left|\frac{x_1+x_2+\cdots+x_n}{n}-A\right|&\leqslant\frac{|x_1-A|+|x_2-A|+\cdots+|x_n-A|}{n}\\&<\frac{|x_1-A|+|x_2-A|\cdots+|x_{N_1}-A|}{n}+\frac{n-N_1}{n}\cdot\frac{\varepsilon}{2}.\end{aligned}$$

由于$|x_1-A|+\cdots+|x_{N_1}-A|$为定数，故$\exists N_2>0$，当$n>N_2$时，有

$$\frac{|x_1-A|+|x_2-A|\cdots+|x_{N_1}-A|}{n}<\frac{\varepsilon}{2}.$$

于是，取$N=\max\{N_1,N_2\}$，当$n>N$时，有

$$\begin{aligned}\left|\frac{x_1+x_2+\cdots+x_n}{n}-A\right|&<\frac{\varepsilon}{2}+\frac{n-N_1}{n}\cdot\frac{\varepsilon}{2}\\&<\frac{\varepsilon}{2}+\frac{\varepsilon}{2}=\varepsilon.\end{aligned}$$

---

**例 1-1-3** 按极限定义证明

$$\lim_{x\to1}\sqrt{x^2+3}=2.$$

**证** 由于

$$\begin{aligned}\left|\sqrt{x^2+3}-2\right|&=\left|\frac{x^2-1}{\sqrt{x^2+3}+2}\right|\\&\leqslant\frac{|1+x||x-1|}{2},\end{aligned}$$

注意到$x\to1$，若要简化上式，可设$|x-1|<1$，即$0<x<2$，则

$$\frac{|1+x||x-1|}{2}\leqslant\frac{3|x-1|}{2}.$$

故$\forall\varepsilon>0$，取$\delta=\min\left\{\frac{2\varepsilon}{3},1\right\}$，则当$|x-1|<\delta$时，有

$$\left|\sqrt{x^2+3}-2\right|<\varepsilon.$$

---

## 习题 1-1

**1-1-1** 证明：

（1）已知 $\lim\limits_{n\to\infty}x_n=a$，有 $\lim\limits_{n\to\infty}\sqrt[3]{x_n}=\sqrt[3]{a}$；

（2）$\lim\limits_{x\to1}\dfrac{1}{x}=1$.

**1-1-2** 证明：

（1）$\lim\limits_{n\to\infty}\sqrt[n]{n+1}=1$；

（2）$\lim\limits_{n\to\infty}\dfrac{\ln n}{n^2}=0$.

**1-1-3** 设 $\lim\limits_{n\to\infty}a_n=a$，证明：若

$$x_n=\frac{a_1+2a_2+\cdots+na_n}{1+2+\cdots+n},$$

则 $\lim\limits_{n\to\infty}x_n=a$.

**1-1-4** 设 $p_k>0(k=1,2,\cdots)$ 且

$$\lim_{n\to\infty}\frac{p_n}{p_1+p_2+\cdots+p_n}=0,$$

$$\lim_{n\to\infty}a_n=a,$$

证明：

$$\lim_{n\to\infty}\frac{p_1a_n+p_2a_{n-1}+\cdots+p_na_1}{p_1+p_2+\cdots+p_n}=a.$$

**1-1-5** 设数列 $\{x_n\}$ 满足 $x_n-x_{n-2}\to0(n\to\infty)$，证明：

$$\lim_{n\to\infty}\frac{x_n-x_{n-1}}{n}=0.$$

**1-1-6** 已知数列 $\{a_n\}$，证明：若

$$\lim_{n\to\infty}\frac{a_1+a_2+\cdots+a_n}{n}=a\,(\text{常数}),$$

则 $\lim\limits_{n\to\infty}\dfrac{a_n}{n}=0$.

## 1.2　利用单调有界准则证明极限

**【要点】** 单调有界准则：

$$\{x_n\}\text{单调递增有上界}\Rightarrow\lim_{n\to\infty}x_n\text{存在},$$

或

$$\{x_n\}\text{单调递减有下界}\Rightarrow\lim_{n\to\infty}x_n\text{存在}.$$

---

**例 1-2-1**　设 $x_n=\dfrac{1}{n+1}+\dfrac{1}{n+2}+\cdots+\dfrac{1}{2n}$，证明：数列 $\{x_n\}$ 收敛.

**证**　由于

$$x_{n+1}-x_n=\frac{1}{2n+1}+\frac{1}{2n+2}-\frac{1}{n+1}>\frac{2}{2n+2}-\frac{1}{n+1}=0,$$

故 $\{x_n\}$ 单调递增.

又由于 $x_n<\dfrac{n}{n+1}<1$，故 $\{x_n\}$ 有上界.

由单调有界准则知，数列 $\{x_n\}$ 收敛.

---

**例 1-2-2**　设 $x_n=1+\dfrac{1}{2}+\cdots+\dfrac{1}{n}-\ln n$，试证：数列 $\{x_n\}$ 收敛.

**证**　利用不等式

$$\frac{1}{1+n}<\ln\left(1+\frac{1}{n}\right)<\frac{1}{n},$$

有

$$\begin{aligned}x_{n+1}-x_n&=\frac{1}{1+n}-\ln(1+n)+\ln n\\&=\frac{1}{1+n}-\ln\left(1+\frac{1}{n}\right)<0,\end{aligned}$$

故 $\{x_n\}$ 单调递减.

又由于

$$\begin{aligned}x_n&=\sum_{k=1}^{n}\frac{1}{k}-\ln\left(\frac{n}{n-1}\times\frac{n-1}{n-2}\times\frac{n-2}{n-3}\times\cdots\times\frac{3}{2}\times\frac{2}{1}\right)\\&=\sum_{k=1}^{n}\frac{1}{k}-\sum_{k=1}^{n-1}\ln\left(1+\frac{1}{k}\right)\\&=\sum_{k=1}^{n-1}\left[\frac{1}{k}-\ln\left(1+\frac{1}{k}\right)\right]+\frac{1}{n}\\&>\frac{1}{n}>0,\end{aligned}$$

故 $\{x_n\}$ 有下界.

由单调有界准则知，数列 $\{x_n\}$ 收敛.

**注**：数列$\left\{1+\frac{1}{2}+\cdots+\frac{1}{n}-\ln n\right\}$的极限通常记为$C$，常数$C$称为欧拉常数，此时有$1+\frac{1}{2}+\cdots+\frac{1}{n}=C+\ln n+\alpha_n$，其中$\alpha_n\to 0(n\to\infty)$.

---

**例 1-2-3**　设$x_n=\sum_{k=1}^{n}\frac{1}{\sqrt{k}}-2\sqrt{n}$，试证：$\lim\limits_{n\to\infty}x_n$存在.

**证**　（1）利用不等式

$$\frac{1}{\sqrt{k}}>\frac{2}{\sqrt{k}+\sqrt{k+1}}=2\left(\sqrt{k+1}-\sqrt{k}\right),$$

得

$$x_n=\sum_{k=1}^{n}\frac{1}{\sqrt{k}}-2\sqrt{n}>2\sqrt{n+1}-2-2\sqrt{n}>-2,$$

故$\{x_n\}$有下界.

（2）

$$x_{n+1}-x_n=\frac{1}{\sqrt{n+1}}-2\sqrt{n+1}+2\sqrt{n}=\frac{1}{\sqrt{n+1}}-\frac{2}{\sqrt{n+1}+\sqrt{n}}<0,$$

即$x_{n+1}<x_n$，故$\{x_n\}$单调递减.

综上，由单调有界准则知，$\{x_n\}$收敛.

---

## 习题 1-2

**1-2-1**　设$x_1=a>1$，$x_{n+1}=\frac{1}{2}\left(x_n+\frac{a}{x_n}\right)$，试证：数列$\{x_n\}$收敛，并求其极限.

**1-2-2**　$y_{n+1}=y_n(2-y_n)$，$0<y_0<1$，求证：$\lim\limits_{n\to\infty}y_n=1$.

**1-2-3**　设$a_1$和$b_1$为两个正数，令

$$a_{n+1}=\sqrt{a_nb_n},\quad b_{n+1}=\frac{a_n+b_n}{2}.$$

试证：$\{a_n\}$和$\{b_n\}$均收敛，且$\lim\limits_{n\to\infty}a_n=\lim\limits_{n\to\infty}b_n$.

**1-2-4**　设$x_{n+1}=1+\frac{x_n^2}{1+x_n^2}$，$x_1=2$，证明：数列$\{x_n\}$收敛.

**1-2-5**　证明：单调数列$\{a_n\}$收敛的充要条件是它有一个收敛子列.

## 1.3 利用柯西准则证明极限

【要点】 柯西（Cauchy）准则：数列$\{x_n\}$收敛. $\Leftrightarrow \forall\varepsilon>0$，$\exists N>0$，当$m,n>N$时，有$|x_m-x_n|<\varepsilon$. $\Leftrightarrow \forall\varepsilon>0$，$\exists N>0$，当$n>N$时，$|x_{n+p}-x_n|<\varepsilon(\forall p\in\mathbf{N}_+)$.

---

**例 1-3-1** 设$x_n=\dfrac{\sin 1}{2}+\dfrac{\sin 2}{2^2}+\cdots+\dfrac{\sin n}{2^n}$，试证：$\{x_n\}$收敛.

**证** 由于

$$\begin{aligned}|x_{n+p}-x_n| &\leqslant \frac{1}{2^{n+1}}+\frac{1}{2^{n+2}}+\cdots+\frac{1}{2^{n+p}}=\frac{1}{2^{n+1}}\left(1+\frac{1}{2}+\cdots+\frac{1}{2^{p-1}}\right)\\ &\leqslant \frac{1}{2^{n+1}}\frac{1}{1-\frac{1}{2}}=\frac{1}{2^n}\\ &<\frac{1}{n},\end{aligned}$$

故$\forall\varepsilon>0$，令$N=\dfrac{1}{\varepsilon}$，则当$n>N$时，有$|x_{n+p}-x_n|<\varepsilon(\forall p\in\mathbf{N}_+)$.

由柯西准则知，$\{x_n\}$收敛.

---

**例 1-3-2** 若存在常数$c$，使得$|x_2-x_1|+|x_3-x_2|+\cdots+|x_n-x_{n-1}|<c(n=2,3,\cdots)$，则称数列$\{x_n\}$有有界变差. 试证：一切有有界变差的数列均收敛.

**证** 设$\{x_n\}$为任意有有界变差的数列，令$y_n=|x_2-x_1|+|x_3-x_2|+\cdots+|x_n-x_{n-1}|(n=2,3,\cdots)$，则由上述定义知，$\{y_n\}$单调有界，从而$\{y_n\}$收敛. 由柯西准则知，$\forall\varepsilon>0$，存在$N>0$，当$m,n>N$时，有

$$|y_m-y_n|=|x_m-x_{m-1}|+|x_{m-1}-x_{m-2}|+\cdots+|x_{n+1}-x_n|<\varepsilon.$$

对数列$\{x_n\}$有

$$|x_m-x_{m-1}+x_{m-1}-x_{m-2}+\cdots+x_{n+1}-x_n|\leqslant|x_m-x_{m-1}|+|x_{m-1}-x_{m-2}|+\cdots+|x_{n+1}-x_n|<\varepsilon,$$

故数列$\{x_n\}$收敛.

**思考**：请举一个收敛数列而无有界变差的例子.

---

**例 1-3-3** 证明：$\lim\limits_{n\to\infty}\sin n$不存在.

**分析** 据柯西准则，要证明$\lim\limits_{n\to\infty}\sin n$不存在，只需证明：$\exists\varepsilon_0>0$，$\forall N>0$，$\exists n,m>N$，使得$|\sin n-\sin m|\geqslant\varepsilon_0$.

**证** 取$\varepsilon_0=\dfrac{\sqrt{2}}{2}$，$\forall N>0$，令$n=\left[2N\pi+\dfrac{3}{4}\pi\right]$，$m=[2N\pi+2\pi]$，则$m>n>N$，且

$$2N\pi+\frac{\pi}{4}<n<2N\pi+\frac{3}{4}\pi,$$

$$2N\pi+\pi<m<2N\pi+2\pi,$$

$$|\sin n-\sin m|\geqslant\varepsilon_0=\frac{\sqrt{2}}{2}.$$

根据柯西准则知，$\{\sin n\}$发散.

---

**例 1-3-4** 设 $S_n=\sum_{k=1}^{n}\frac{1}{k}$，试证：数列$\{S_n\}$发散.

**证** $\forall n\in\mathbf{N}$，有

$$\begin{aligned}|S_{n+p}-S_n|&=\frac{1}{n+1}+\frac{1}{n+2}+\cdots+\frac{1}{n+p}\\&\geqslant\frac{p}{n+p}\to1\ (\text{当 } p\to+\infty\text{ 时}),\end{aligned}$$

因此，只要取$\varepsilon_0=\frac{1}{2}$，则$\forall N>0$，$n>N$，$\exists p>0$，使得$|S_{n+p}-S_n|\geqslant\frac{1}{2}=\varepsilon_0$，故数列$\{S_n\}$发散.

**注：** 一般地，若能证明$\forall n\in\mathbf{N}_+$，有$|x_{n+p}-x_n|\geqslant\varphi(n,p)\to a\neq0$（当 $p\to+\infty$ 时），按柯西准则，可断定$\{x_n\}$发散.

---

## 习题 1-3

**1-3-1** 已知$\{y_n\}$有界，令

$$x_n=\sum_{k=1}^{n}\frac{y_k}{k(k+1)},$$

试证：$\{x_n\}$收敛.

**1-3-2** 设

$$x_n=\sum_{k=1}^{n}\frac{1}{\sqrt{k}},$$

试证：$\{x_n\}$发散.

**1-3-3** 已知

$$x_n=\sum_{k=1}^{n}\frac{1}{k!},$$

试证：$\{x_n\}$收敛.

**1-3-4** 设

$$x_n=\sum_{k=1}^{n}\frac{\sin k}{k!},$$

试证：（1）$\{x_n\}$有界，但不单调；（2）$\{x_n\}$收敛.

# 1.4 计算极限的几种方法

计算极限是数学分析常见的问题之一，也是硕士研究生入学考试的常考题型，下面介绍几种计算极限的方法.

## 1.4.1 利用等价代换和初等变形

### 1. 等价代换

**【要点】** 在求极限的过程中，利用等价因子替换可以简化计算. 常用的等价关系如下：当 $x \to 0$ 时，$\sin x \sim \tan x \sim \arcsin x \sim \arctan x \sim \ln(1+x) \sim (e^x - 1) \sim x$，$(1+x)^{\frac{1}{n}} - 1 \sim \frac{1}{n}x$，$(1-\cos x) \sim \frac{1}{2}x^2$ $(n \in \mathbf{N}_+)$.

**例 1-4-1** 求下列极限：

（1）$\lim\limits_{n\to\infty}\dfrac{n^3\sqrt[n]{2}\left(1-\cos\dfrac{1}{n^2}\right)}{\sqrt{n^2+1}-n}$；

（2）$\lim\limits_{x\to 0}\dfrac{e^{\alpha x}-e^{\beta x}}{\sin\alpha x-\sin\beta x}$；

（3）$\lim\limits_{x\to 0}\dfrac{\tan x-\sin x}{\sin x^3}$.

**解** （1）由于 $\lim\limits_{n\to\infty}\sqrt[n]{2}=1$，故

$$\lim_{n\to\infty}\frac{n^3\sqrt[n]{2}\left(1-\cos\frac{1}{n^2}\right)}{\sqrt{n^2+1}-n}=\lim_{n\to\infty}\frac{n^2\left(1-\cos\frac{1}{n^2}\right)}{\sqrt{1+\frac{1}{n^2}}-1}=\lim_{n\to\infty}\frac{n^2\times\frac{1}{2}\times\frac{1}{n^4}}{\frac{1}{2}\times\frac{1}{n^2}}=1.$$

（2）

$$\lim_{x\to 0}\frac{e^{\alpha x}-e^{\beta x}}{\sin\alpha x-\sin\beta x}=\lim_{x\to 0}\frac{e^{\beta x}\left(e^{(\alpha-\beta)x}-1\right)}{2\cos\frac{\alpha+\beta}{2}x\sin\frac{\alpha-\beta}{2}x}$$

$$=\lim_{x\to 0}\frac{\left(e^{(\alpha-\beta)x}-1\right)}{2\sin\frac{\alpha-\beta}{2}x}=\lim_{x\to 0}\frac{(\alpha-\beta)x}{2\frac{\alpha-\beta}{2}x}=1.$$

（3）

$$\lim_{x\to 0}\frac{\tan x-\sin x}{\sin x^3}=\lim_{x\to 0}\frac{\sin x}{\cos x}\cdot\frac{(1-\cos x)}{x^3}=\lim_{x\to 0}\frac{x}{\cos x}\cdot\frac{\frac{x^2}{2}}{x^3}=\frac{1}{2}.$$

注：利用等价代换求极限时，只能对乘、除式里的因子进行代换，否则有可能导出错误

的结论. 例如,

$$\lim_{x\to0}\frac{1-\cos x-\frac{1}{2}x^2}{x^4}=\lim_{x\to0}\frac{-\frac{x^4}{4!}+o\left(x^4\right)}{x^4}=-\frac{1}{24},$$

这里用到了泰勒公式, 可参阅后继内容.

若将$1-\cos x$换成$\frac{1}{2}x^2$, 则将得到错误的结论: $\lim\limits_{x\to0}\frac{\frac{1}{2}x^2-\frac{1}{2}x^2}{x^4}=0$.

---

2. 初等变形

**【要点】** 在求极限的过程中, 有时需要对$x_n$进行初等变形, 然后再求极限.

---

**例 1-4-2** 求$\lim\limits_{n\to\infty}x_n$, 设

(1) $x_n=\cos\frac{x}{2}\cos\frac{x}{2^2}\cos\frac{x}{2^3}\cdots\cos\frac{x}{2^n}$;

(2) $x_n=(1+x)\left(1+x^2\right)\cdots\left(1+x^{2n}\right)(|x|<1)$;

(3) $x_n=\sum\limits_{i=1}^{n}\frac{1}{i(i+1)}$.

**解** (1) 当$x\neq0$时, $x_n$乘以$\dfrac{2^n\sin\frac{x}{2^n}}{2^n\sin\frac{x}{2^n}}$, 得

$$x_n=\cos\frac{x}{2}\cos\frac{x}{2^2}\cos\frac{x}{2^3}\cdots\cos\frac{x}{2^n}\cdot\frac{2^n\sin\frac{x}{2^n}}{2^n\sin\frac{x}{2^n}}$$

$$=\frac{\sin x}{2^n\sin\frac{x}{2^n}}=\frac{\sin x}{x}\cdot\frac{\frac{x}{2^n}}{\sin\frac{x}{2^n}}\to\frac{\sin x}{x}(n\to\infty).$$

当$x=0$时, 极限显然为 1.

(2) $x_n$乘以$\dfrac{1-x}{1-x}$, 再对分子反复应用公式$(a+b)(a-b)=a^2-b^2$, 得

$$x_n\cdot\frac{1-x}{1-x}=(1+x)\left(1+x^2\right)\cdots\left(1+x^{2n}\right)\cdot\frac{1-x}{1-x}=\frac{1-\left(x^{2n}\right)^2}{1-x}\to\frac{1}{1-x}(n\to\infty).$$

(3) $x_n=\sum\limits_{i=1}^{n}\frac{1}{i(i+1)}=\sum\limits_{i=1}^{n}\left(\frac{1}{i}-\frac{1}{i+1}\right)=1-\frac{1}{n+1}\to1(n\to\infty)$.

### 1.4.2 利用已知极限

【要点】 在求极限的过程中，可以利用已知的极限计算未知极限，这里以 $\lim\limits_{x\to 0}(1+x)^{\frac{1}{x}}=\mathrm{e}$ 为例进行说明.

（1）若 $f(x)>0$，$\lim\limits_{x\to a}f(x)=b$，$\lim\limits_{x\to a}g(x)=c$，则 $\lim\limits_{x\to a}f(x)^{g(x)}=b^c$.

这是因为 $\lim\limits_{x\to a}f(x)^{g(x)}=\lim\limits_{x\to a}\mathrm{e}^{g(x)\ln f(x)}=\mathrm{e}^{\lim\limits_{x\to a}g(x)\ln f(x)}=\mathrm{e}^{c\ln b}=b^c$.

（2）若 $\lim\limits_{x\to a}f(x)=0$，$\lim\limits_{x\to a}g(x)=+\infty$，$\lim\limits_{x\to a}f(x)g(x)=\alpha$，则 $\lim\limits_{x\to a}[1+f(x)]^{g(x)}=\mathrm{e}^{\alpha}$.

这是因为 $\lim\limits_{x\to a}(1+f(x))^{g(x)}=\lim\limits_{x\to a}\left\{[1+f(x)]^{\frac{1}{f(x)}}\right\}^{f(x)g(x)}=\mathrm{e}^{\alpha}$.

---

**例 1-4-3** 求下列极限:

（1）$\lim\limits_{n\to\infty}\left(\dfrac{\sqrt[n]{a}+\sqrt[n]{b}}{2}\right)^n\ (a>0,\ b>0)$;

（2）$\lim\limits_{x\to 1}(2-x)^{\sec\frac{\pi x}{2}}$.

**解** （1）当 $n\to\infty$ 时，有

$$n\left(\frac{\sqrt[n]{a}+\sqrt[n]{b}}{2}-1\right)=\frac{1}{2}\left(\frac{a^{\frac{1}{n}}-1}{\frac{1}{n}}+\frac{b^{\frac{1}{n}}-1}{\frac{1}{n}}\right)\to\frac{1}{2}(\ln a+\ln b),$$

故

$$\begin{aligned}\lim_{n\to\infty}\left(\frac{\sqrt[n]{a}+\sqrt[n]{b}}{2}\right)^n&=\lim_{n\to\infty}\left\{\left[1+\left(\frac{\sqrt[n]{a}+\sqrt[n]{b}}{2}-1\right)\right]^{\frac{1}{\frac{\sqrt[n]{a}+\sqrt[n]{b}}{2}-1}}\right\}^{n\left(\frac{\sqrt[n]{a}+\sqrt[n]{b}}{2}-1\right)}\\&=\mathrm{e}^{\frac{1}{2}(\ln a+\ln b)}\\&=\sqrt{ab}.\end{aligned}$$

（2）

$$\begin{aligned}\lim_{x\to 1}(2-x)^{\sec\frac{\pi x}{2}}&=\lim_{x\to 1}\left\{[1+(-x)+1]^{\frac{1}{1-x}}\right\}^{\frac{1-x}{\sin\frac{\pi(1-x)}{2}}}\\&=\mathrm{e}^{\lim\limits_{x\to 1}\frac{1-x}{\sin\frac{\pi(1-x)}{2}}}=\mathrm{e}^{\lim\limits_{x\to 1}\frac{1-x}{\frac{\pi(1-x)}{2}}}=\mathrm{e}^{\frac{2}{\pi}}.\end{aligned}$$

---

**例 1-4-4** 求 $\lim\limits_{n\to\infty}\left(\dfrac{1}{n+1}+\dfrac{1}{n+2}+\cdots+\dfrac{1}{2n}\right)$.

**解** $\lim\limits_{n\to\infty}\left(\dfrac{1}{n+1}+\dfrac{1}{n+2}+\cdots+\dfrac{1}{2n}\right)=\lim\limits_{n\to\infty}\left[\left(1+\dfrac{1}{2}+\cdots+\dfrac{1}{2n}\right)-\left(1+\dfrac{1}{2}+\cdots+\dfrac{1}{n}\right)\right]$

$$= \lim_{n\to\infty}\left[\left(\ln 2n + C + \alpha_{2n}\right) - \left(\ln n + C + \alpha_n\right)\right]$$

$$= \ln 2,$$

式中，$C$ 为欧拉常数，$\alpha_{2n},\alpha_n \to 0$，参见例 1-2-2.

### 1.4.3　利用变量替换

【要点】　在求极限的过程中，可以适当引入新变量，使原来的极限过程转化为新的极限过程.

**例 1-4-5**　若 $\lim\limits_{n\to\infty} x_n = a$，$\lim\limits_{n\to\infty} y_n = b$，试证：$\lim\limits_{n\to\infty}\dfrac{x_1y_n + x_2y_{n-1} + \cdots + x_ny_1}{n} = ab$.

证　令 $x_n = a + \alpha_n$，$y_n = b + \beta_n$，则 $\alpha_n,\beta_n \to 0(n\to\infty)$，于是

$$\frac{x_1y_n + x_2y_{n-1} + \cdots + x_ny_1}{n}$$

$$= \frac{(a+\alpha_1)(b+\beta_n) + (a+\alpha_2)(b+\beta_{n-1}) + \cdots + (a+\alpha_n)(b+\beta_1)}{n}$$

$$= ab + a\frac{\beta_1 + \beta_2 + \cdots + \beta_n}{n} + b\frac{\alpha_1 + \alpha_2 + \cdots + \alpha_n}{n} + \frac{\alpha_1\beta_n + \alpha_2\beta_{n-1} + \cdots + \alpha_n\beta_1}{n}$$

由于 $\alpha_n \to 0\,(n\to\infty)$，故 $\{\alpha_n\}$ 有界，即 $\exists M > 0$，使得 $|\alpha_n| \leqslant M\left(\forall n \in \mathbf{N}_+\right)$. 于是

$$0 < \left|\frac{\alpha_1\beta_n + \alpha_2\beta_{n-1} + \cdots + \alpha_n\beta_1}{n}\right| \leqslant M\frac{|\beta_n| + |\beta_{n-1}| + \cdots + |\beta_1|}{n} \to 0(n\to\infty),$$

从而

$$\lim_{n\to\infty}\frac{\alpha_1\beta_n + \alpha_2\beta_{n-1} + \cdots + \alpha_n\beta_1}{n} = 0.$$

又由于 $\lim\limits_{n\to\infty} a\dfrac{\beta_1 + \beta_2 + \cdots + \beta_n}{n} = 0$，$\lim\limits_{n\to\infty} b\dfrac{\alpha_1 + \alpha_2 + \cdots + \alpha_n}{n} = 0$，故

$$\lim_{n\to\infty}\frac{x_1y_n + x_2y_{n-1} + \cdots + x_ny_1}{n} = ab.$$

注：本例涉及的变换具有一般性，可以利用这种变换将一般情况转化为特殊情况.

### 1.4.4　利用两边夹准则

【要点】　当极限不易直接求出时，可考虑将对象适当放大或缩小，利用两边夹准则求极限.

**例 1-4-6**　求 $\lim\limits_{n\to\infty}\sqrt[n]{1 + \dfrac{1}{2} + \cdots + \dfrac{1}{n}}$.

解　由于 $1 \leqslant \sqrt[n]{1 + \dfrac{1}{2} + \cdots + \dfrac{1}{n}} \leqslant \sqrt[n]{n}$ 以及 $\lim\limits_{n\to\infty}\sqrt[n]{n} = 1$，故 $\lim\limits_{n\to\infty}\sqrt[n]{1 + \dfrac{1}{2} + \cdots + \dfrac{1}{n}} = 1$.

**例 1-4-7** 已知 $a_i > 0(i=1,2,\cdots,n)$，试计算

$$\lim_{p\to+\infty}\left[\left(\sum_{i=1}^{n}a_i^p\right)^{\frac{1}{p}}+\left(\sum_{i=1}^{n}a_i^{-p}\right)^{\frac{1}{p}}\right].$$

**解** 记 $m=\min\{a_1,a_2,\cdots,a_n\}$，$M=\max\{a_1,a_2,\cdots,a_n\}$，则

$$\left(M^p\right)^{\frac{1}{p}}+\left(m^{-p}\right)^{\frac{1}{p}}\leqslant\left(\sum_{i=1}^{n}a_i^p\right)^{\frac{1}{p}}+\left(\sum_{i=1}^{n}a_i^{-p}\right)^{\frac{1}{p}}\leqslant\left(nM^p\right)^{\frac{1}{p}}+\left(nm^{-p}\right)^{\frac{1}{p}}.$$

当 $p\to+\infty$ 时，上式左、右两端有相同的极限 $M+m^{-1}$，故

$$\lim_{p\to+\infty}\left[\left(\sum_{i=1}^{n}a_i^p\right)^{\frac{1}{p}}+\left(\sum_{i=1}^{n}a_i^{-p}\right)^{\frac{1}{p}}\right]=M+m^{-1}.$$

**例 1-4-8** 设 $x_n=\dfrac{1\times3\times\cdots\times(2n-1)}{2\times4\times\cdots\times(2n)}$，求极限 $\lim\limits_{n\to\infty}x_n$.

**解** 根据均值不等式，有

$$2=\frac{1+3}{2}>\sqrt{1\times3},$$

$$4=\frac{3+5}{2}>\sqrt{3\times5},$$

$$\cdots$$

$$2n=\frac{(2n-1)+(2n+1)}{2}>\sqrt{(2n-1)(2n+1)},$$

由此可知

$$0<x_n=\frac{1\times3\times\cdots\times(2n-1)}{2\times4\times\cdots\times(2n)}<\frac{1}{\sqrt{2n+1}}\to0.$$

故 $\lim\limits_{n\to\infty}x_n=0$.

注：在连加或连乘的极限里，可通过各项或各因子的放大或缩小来获得所需的不等式.

### 1.4.5 利用 Stolz 公式

**【要点】** 设 $\{y_n\}$ 单调递增，$\lim\limits_{n\to\infty}y_n=+\infty$，且 $\lim\limits_{n\to\infty}\dfrac{x_{n+1}-x_n}{y_{n+1}-y_n}=A$，则 $\lim\limits_{n\to\infty}\dfrac{x_n}{y_n}=A$.

**注：** ① 当 $A$ 为 $+\infty$ 或者 $-\infty$ 时，上述结论仍成立；

② 当 $\{y_n\}$ 单调递减，$\lim\limits_{n\to\infty}y_n=\lim\limits_{n\to\infty}x_n=0$ 时，上述结论也成立.

**例 1-4-9** 证明：$\lim\limits_{n\to\infty}\dfrac{1^p+3^p+\cdots+(2n-1)^p}{n^{p+1}}=\dfrac{2^p}{p+1}$，$p$ 为自然数.

证
$$\begin{aligned}&\lim_{n\to\infty}\frac{1^p+3^p+\cdots+(2n-1)^p}{n^{p+1}}\\&=\lim_{n\to\infty}\frac{(2n+1)^p}{(n+1)^{p+1}-n^{p+1}}\\&=\lim_{n\to\infty}\frac{(2n+1)^p}{(p+1)n^p+\dfrac{(p+1)p}{2}n^{p+1}+\cdots+1}\\&=\frac{2^p}{p+1}.\end{aligned}$$

---

**例 1-4-10** 设 $a_1>0$，$a_{n+1}=a_n+\dfrac{1}{a_n}$，证明：$\lim\limits_{n\to\infty}\dfrac{a_n}{\sqrt{2n}}=1$.

证 显然$\{a_n\}$为单调递增的正数列，若 $\lim\limits_{n\to\infty}a_n=A$（有限数），则在 $a_{n+1}=a_n+\dfrac{1}{a_n}$ 两边取极限，有 $A=A+\dfrac{1}{A}$，矛盾，因此 $\lim\limits_{n\to\infty}a_n=+\infty$. 利用 Stolz 公式，有

$$\lim_{n\to\infty}\frac{a_n^2}{2n}=\lim_{n\to\infty}\frac{a_{n+1}^2-a_n^2}{2(n+1)-2n}=\frac{1}{2}\lim_{n\to\infty}\left(2+\frac{1}{a_n^2}\right)=1,$$

故

$$\lim_{n\to\infty}\frac{a_n}{\sqrt{2n}}=1.$$

---

**例 1-4-11** 设 $\lim\limits_{n\to\infty}n(A_n-A_{n-1})=0$，试证：当极限 $\lim\limits_{n\to\infty}\dfrac{A_1+A_2+\cdots+A_n}{n}$ 存在时，有

$$\lim_{n\to\infty}A_n=\lim_{n\to\infty}\frac{A_1+A_2+\cdots+A_n}{n}.$$

证 令 $a_1=A_1$，$a_2=A_2-A_1$，……，$a_n=A_n-A_{n-1}$，……，则由 $\lim\limits_{n\to\infty}n(A_n-A_{n-1})=0$ 知，

$$\lim_{n\to\infty}na_n=0,$$

且

$$A_n=(A_n-A_{n-1})+(A_{n-1}-A_{n-2})+\cdots+(A_2-A_1)+A_1=a_n+a_{n-1}+\cdots+a_1,$$

于是

$$\begin{aligned}\lim_{n\to\infty}\left(A_n-\frac{A_1+A_2+\cdots+A_n}{n}\right)&=\lim_{n\to\infty}\left[(a_1+a_2+\cdots+a_n)-\frac{a_1+(a_1+a_2)+\cdots+(a_1+\cdots+a_n)}{n}\right]\\&=\lim_{n\to\infty}\frac{a_2+2a_3+\cdots+(n-1)a_n}{n}\\&=\lim_{n\to\infty}\frac{(n-1)a_n}{n-(n-1)}\\&=\lim_{n\to\infty}\frac{n-1}{n}\cdot n\cdot a_n=0,\end{aligned}$$

从而有

$$\lim_{n\to\infty}A_n=\lim_{n\to\infty}\frac{A_1+A_2+\cdots+A_n}{n}.$$

### 1.4.6　其他常用方法

**1．利用洛必达（L' Hospital）法则**

**【要点】**

（1）每次使用洛必达法则之前，都需要检验公式是否属于未定式，若不属于，则不能用；

（2）使用洛必达法则通常要结合无穷小等价替换；

（3）对$\frac{\infty}{\infty}$型未定式使用洛必达法则时，只需检验分母是否趋于无穷大即可.

**例 1-4-12**　求下列极限：

（1）$\lim\limits_{x\to0}\frac{\tan x-x}{x-\sin x}$；

（2）$\lim\limits_{x\to1}x^{\frac{1}{1-x}}$；

（3）$\lim\limits_{x\to+\infty}\frac{\left(\int_0^x e^{t^2}dt\right)^2}{\int_0^x e^{2t^2}dt}$；

（4）$\lim\limits_{n\to+\infty}n\left[e-\left(1+\frac{1}{n}\right)^n\right]$.

**解**　（1）

$$\lim_{x\to0}\frac{\tan x-x}{x-\sin x}=\lim_{x\to0}\frac{\sec^2x-1}{1-\cos x}=\lim_{x\to0}\frac{1+\cos x}{\cos^2x}=2.$$

（2）由于

$$\lim_{x\to1}\ln x^{\frac{1}{1-x}}=\lim_{x\to0}\frac{1}{1-x}\ln x=\lim_{x\to0}\ln\frac{\frac{1}{x}}{-1}=-1,$$

故

$$\lim_{x\to1}x^{\frac{1}{1-x}}=e^{-1}.$$

（3）

$$\lim_{x\to+\infty}\frac{\left(\int_0^x e^{t^2}dt\right)^2}{\int_0^x e^{2t^2}dt}=\lim_{x\to+\infty}\frac{2\int_0^x e^{t^2}dt\cdot e^{x^2}}{e^{2x^2}}=\lim_{x\to+\infty}\frac{\int_0^x e^{t^2}dt}{e^{x^2}}=2\lim_{x\to+\infty}\frac{e^{x^2}}{2xe^{x^2}}=0.$$

（4）

$$\lim_{n\to+\infty} n\left[\mathrm{e}-\left(1+\frac{1}{n}\right)^n\right]=\lim_{x\to0}\frac{\mathrm{e}-(1+x)^{\frac{1}{x}}}{x}$$

$$=\lim_{x\to0}\frac{-(1+x)^{\frac{1}{x}}\left[\dfrac{\frac{x}{1+x}-\ln(1+x)}{x^2}\right]}{1}$$

$$=-\mathrm{e}\lim_{x\to0}\frac{\frac{x}{1+x}-\ln(1+x)}{x^2}$$

$$=-\mathrm{e}\lim_{x\to0}\frac{\frac{1}{(1+x)^2}-\frac{1}{1+x}}{2x}$$

$$=\frac{\mathrm{e}}{2}.$$

## 2. 利用泰勒（Taylor）公式

**例 1-4-13**　求下列极限:

（1）$\lim\limits_{x\to0}\dfrac{\cos x-\mathrm{e}^{-\frac{x^2}{2}}}{x^4}$；

（2）$\lim\limits_{x\to0}\dfrac{\mathrm{e}^x\sin x-x(1+x)}{x^3}$；

（3）$\lim\limits_{n\to\infty} n\left[\mathrm{e}-\left(1+\dfrac{1}{n}\right)^n\right]$.

**解**　（1）

$$\lim_{x\to0}\frac{\cos x-\mathrm{e}^{-\frac{x^2}{2}}}{x^4}=\lim_{x\to0}\frac{1-\frac{x^2}{2!}+\frac{x^4}{4!}+o(x^4)-\left[1-\frac{x^2}{2}+\frac{1}{2!}\times\frac{x^4}{4}+o(x^4)\right]}{x^4}$$

$$=\lim_{x\to0}\frac{\left(\frac{1}{4!}-\frac{1}{4\times2!}\right)x^4+o(x^4)}{x^4}$$

$$=-\frac{1}{12}.$$

（2）

$$\lim_{x\to0}\frac{\mathrm{e}^x\sin x-x(1+x)}{x^3}$$

$$=\lim_{x\to0}\frac{\left[1+x+\frac{1}{2!}x^2+o(x^2)\right]\cdot\left[x-\frac{x^3}{3!}+o(x^3)\right]-x(1+x)}{x^3}$$

$$=\lim_{x\to 0}\frac{\frac{1}{3}x^3+o\left(x^3\right)}{x^3}$$

$$=\frac{1}{3}.$$

（3）注意到

$$(1+x)^{\frac{1}{x}}=\mathrm{e}^{\frac{\ln(1+x)}{x}}=\mathrm{e}^{\frac{x-\frac{x^2}{2}+o\left(x^2\right)}{x}}=\mathrm{e}^{1-\frac{x}{2}+o(x)},$$

故

$$\lim_{n\to\infty}n\left[\mathrm{e}-\left(1+\frac{1}{n}\right)^n\right]=\lim_{x\to 0}\frac{\mathrm{e}-(1+x)^{\frac{1}{x}}}{x}=\mathrm{e}\lim_{x\to 0}\frac{1-\mathrm{e}^{-\frac{x}{2}+o(x)}}{x}=\frac{\mathrm{e}}{2}.$$

## 3．利用积分定义

**例 1-4-14** 求下列极限:

（1）$\lim\limits_{n\to\infty}\left(\frac{1}{n^2}+\frac{2}{n^2}+\cdots+\frac{n-1}{n^2}\right)$；

（2）$\lim\limits_{n\to\infty}\left(\frac{n}{n^2+1^2}+\frac{n}{n^2+2^2}+\cdots+\frac{n}{n^2+n^2}\right)$；

（3）$\lim\limits_{n\to\infty}\frac{\sqrt[n]{n!}}{n}$；

（4）$\lim\limits_{n\to\infty}\left(\frac{\sin\frac{\pi}{n}}{n+\frac{1}{n}}+\frac{\sin\frac{2}{n}\pi}{n+\frac{2}{n}}+\cdots+\frac{\sin\pi}{n+1}\right)$.

**解** （1）

$$\lim_{n\to\infty}\left(\frac{1}{n^2}+\frac{2}{n^2}+\cdots+\frac{n-1}{n^2}\right)=\lim_{n\to\infty}\sum_{i=0}^{n-1}\frac{i}{n}\cdot\frac{1}{n}=\int_0^1x\mathrm{d}x=\frac{1}{2}.$$

（2）

$$\lim_{n\to\infty}\left(\frac{n}{n^2+1^2}+\frac{n}{n^2+2^2}+\cdots+\frac{n}{n^2+n^2}\right)$$

$$=\lim_{n\to\infty}\sum_{i=1}^{n}\frac{n}{n^2+i^2}$$

$$=\lim_{n\to\infty}\frac{1}{n}\sum_{i=1}^{n}\frac{1}{1+\left(\frac{i}{n}\right)^2}$$

$$=\int_0^1\frac{1}{1+x^2}\mathrm{d}x=\frac{\pi}{4}.$$

（3）原式取对数后变成

$$\lim_{n\to\infty}\ln\frac{1}{n}\sum_{i=1}^{n}\ln\left(\frac{i}{n}\right)=\int_0^1\ln x\mathrm{d}x=-1,$$

故

$$\lim_{n\to\infty}\frac{\sqrt[n]{n!}}{n}=\mathrm{e}^{-1}.$$

（4）由于

$$\frac{1}{n+1}\sum_{i=1}^{n}\sin\frac{i}{n}\pi\leqslant\sum_{i=1}^{n}\frac{\sin\frac{i}{n}\pi}{n+\frac{i}{n}}\leqslant\frac{1}{n+\frac{1}{n}}\sum_{i=1}^{n}\sin\frac{i}{n}\pi,$$

以及

$$\begin{aligned}\lim_{n\to\infty}\frac{1}{n+1}\sum_{i=1}^{n}\sin\frac{i}{n}\pi&=\lim_{n\to\infty}\frac{n}{(n+1)\pi}\cdot\frac{\pi}{n}\sum_{i=1}^{n}\sin\frac{i}{n}\pi\\&=\frac{1}{\pi}\int_0^{\pi}\sin x\mathrm{d}x=\frac{2}{\pi},\end{aligned}$$

$$\begin{aligned}\lim_{n\to\infty}\frac{1}{n+\frac{1}{n}}\sum_{i=1}^{n}\sin\frac{i}{n}\pi&=\lim_{n\to\infty}\frac{1}{\left(1+\frac{1}{n^2}\right)\pi}\cdot\frac{\pi}{n}\sum_{i=1}^{n}\sin\frac{i}{n}\pi\\&=\frac{1}{\pi}\int_0^{\pi}\sin x\mathrm{d}x=\frac{2}{\pi},\end{aligned}$$

故

$$\lim_{n\to\infty}\left(\frac{\sin\frac{\pi}{n}}{n+\frac{1}{n}}+\frac{\sin\frac{2}{n}\pi}{n+\frac{2}{n}}+\cdots+\frac{\sin\pi}{n+1}\right)=\frac{2}{\pi}.$$

## 4．利用级数

**例 1-4-15** 求 $\lim\limits_{n\to\infty}x_n$，设

（1）$x_n=\dfrac{5^n n!}{(2n)^n}$；

（2）$x_n=\dfrac{11\times12\times13\times\cdots\times(n+10)}{2\times5\times8\times\cdots\times(3n-1)}$.

**解** （1）由于

$$\frac{x_{n+1}}{x_n}=\frac{5^{n+1}(n+1)!\times(2n)^n}{(2n+2)^{n+1}\times5^n n!}=\frac{5}{2}\times\left(\frac{n}{n+1}\right)^n=\frac{5}{2}\times\frac{1}{\left(1+\frac{1}{n}\right)^n}\to\frac{5}{2\mathrm{e}}<1(n\to\infty),$$

故正项级数 $\sum\limits_{n=1}^{\infty}x_n$ 收敛，从而 $\lim\limits_{n\to\infty}x_n=0$.

（2）由于

$$\frac{x_{n+1}}{x_n}=\frac{n+11}{3n+2}\to\frac{1}{3}<1(n\to\infty),$$

故正项级数 $\sum\limits_{n=1}^{\infty}x_n$ 收敛，从而 $\lim\limits_{n\to\infty}x_n=0$.

---

**例 1-4-16**　求 $\lim\limits_{n\to\infty}\left[\frac{1}{n^2}+\frac{1}{(n+1)^2}+\cdots+\frac{1}{(2n)^2}\right]$.

**解**　由于级数 $\sum\limits_{k=1}^{\infty}\frac{1}{k^2}$ 收敛，因此其余项：

$$R_n=\sum_{k=n+1}^{\infty}\frac{1}{k^2}\to 0(n\to\infty),$$

$$0\leqslant\frac{1}{n^2}+\frac{1}{(n+1)^2}+\cdots+\frac{1}{(2n)^2}\leqslant R_{n-1}\to 0(n\to\infty),$$

故

$$\lim_{n\to\infty}\left[\frac{1}{n^2}+\frac{1}{(n+1)^2}+\cdots+\frac{1}{(2n)^2}\right]=0.$$

---

**例 1-4-17**　设 $x_n=1+\frac{1}{2}+\cdots+\frac{1}{n}-\ln n$，证明 $\{x_n\}$ 收敛.

**证**　因为

$$|x_n-x_{n-1}|=\left|\frac{1}{n}-[\ln n-\ln(n-1)]\right|=\left|\frac{1}{n}-\frac{1}{\xi_n}\right|,$$

式中，$n-1<\xi_n<n$. 所以

$$|x_n-x_{n-1}|=\frac{n-\xi_n}{n\cdot\xi_n}<\frac{1}{(n-1)^2}.$$

由于 $\sum\limits_{n=2}^{\infty}\frac{1}{(n-1)^2}$ 收敛，故 $\sum\limits_{n=2}^{\infty}|x_n-x_{n-1}|$ 收敛，从而 $\left\{x_n=\sum\limits_{k=2}^{n}(x_k-x_{k-1})+x_1\right\}$ 也收敛.

---

## 习题 1-4

**1-4-1**　求极限：（1）$\lim\limits_{x\to 0}\frac{1-\sqrt{\cos x}}{1-\cos\sqrt{x}}$；　（2）$\lim\limits_{x\to a}\frac{x^\alpha-a^\alpha}{x^\beta-a^\beta}$.

**1-4-2**　求 $\lim\limits_{n\to\infty}x_n$，设

（1）$x_n=\frac{3}{2}\times\frac{5}{4}\times\cdots\times\frac{2^{2^n}+1}{2^{2^n}}$；　（2）$x_n=\sum\limits_{i=1}^{n}\frac{1}{i(i+1)(i+2)}$；

（3） $x_n=\left(1-\frac{1}{2^2}\right)\left(1-\frac{1}{3^2}\right)\cdots\left(1-\frac{1}{n^2}\right)$.

**1-4-3** 已知 $a,b,c>0$，求极限：（1）$\lim\limits_{x\to 0}\left(\frac{a^x+b^x+c^x}{3}\right)^{\frac{1}{x}}$；（2）$\lim\limits_{n\to\infty}\left(\frac{\sqrt[n]{a}+\sqrt[n]{b}+\sqrt[n]{c}}{3}\right)^n$.

**1-4-4** 求 $\lim\limits_{n\to\infty}\left(\frac{1}{n^2+n+1}+\frac{2}{n^2+n+2}+\frac{3}{n^2+n+3}+\cdots+\frac{n}{n^2+n+n}\right)$.

**1-4-5** 求 $\lim\limits_{x\to 0}x\left(\frac{1}{x}\right)$，式中，$\left(\frac{1}{x}\right)$表示不大于$\frac{1}{x}$的最大整数.

**1-4-6** 证明：$\lim\limits_{n\to\infty}\frac{1^p+2^p+\cdots+n^p}{n^{p+1}}=\frac{1}{p+1}$，式中，$p$ 为自然数.

**1-4-7** 求 $\lim\limits_{n\to\infty}\frac{1+\sqrt{2}+\sqrt[3]{3}+\cdots+\sqrt[n]{n}}{n}$.

**1-4-8** 设 $S_n=\frac{\sum\limits_{k=0}^{n}\ln \mathrm{C}_n^k}{n^2}$，式中，$\mathrm{C}_n^k=\frac{n(n-1)\cdots(n-k+1)}{1\times 2\times\cdots\times k}$，求 $\lim\limits_{n\to\infty}S_n$.

**1-4-9** 求 $\lim\limits_{x\to 0}\frac{(1+x)^{\frac{1}{x}}-\mathrm{e}}{x}$.

**1-4-10** 求 $\lim\limits_{x\to 0}\frac{x-\int_0^x \mathrm{e}^{t^2}\mathrm{d}t}{x^2\sin 2x}$.

**1-4-11** 求 $\lim\limits_{x\to 0^+}\left(x^{x^x}-1\right)$.

**1-4-12** 若 $f(x)=\begin{cases}\frac{1-\cos x}{x^2}, & x<0\\ 5, & x=0\\ \frac{\int_0^x \cos t^2\mathrm{d}t}{x}, & x>0\end{cases}$，求 $\lim\limits_{x\to 0}f(x)$.

**1-4-13** 求 $\lim\limits_{x\to 0}\frac{\frac{x^2}{2}+1-\sqrt{1+x^2}}{\left(\cos x-\mathrm{e}^{x^2}\right)\sin x^2}$.

**1-4-14** 求 $\lim\limits_{x\to 0}\frac{\mathrm{e}^x-1-x}{\sqrt{1-x}-\cos\sqrt{x}}$.

**1-4-15** 求 $\lim\limits_{n\to\infty}\left(\frac{1}{n+1}+\frac{1}{n+2}+\cdots+\frac{1}{n+n}\right)$.

**1-4-16** 求 $\lim\limits_{n\to\infty}\frac{\sqrt[n]{(n+1)(n+2)\cdots(n+n)}}{n}$.

**1-4-17** 求 $\lim\limits_{n\to\infty}\sin\frac{\pi}{n}\sum\limits_{i=1}^{n}\frac{1}{2+\cos\frac{i\pi}{n}}$.

# 1.5 递推形式的极限

由递推公式 $x_{n+1}=f(x_n)$ 生成的数列 $\{x_n\}$ 在数学和其他领域经常出现，有很强的理论和应用价值，本节讨论由递推公式生成数列的极限问题.

## 1.5.1 利用单调有界准则

**例 1-5-1** 设 $x_1=\sqrt{2}$，$x_{n+1}=\sqrt{2+x_n}$，讨论 $\{x_n\}$ 的收敛性，如果收敛，则求其极限.

**解** 从 $x_1=\sqrt{2}<\sqrt{2+\sqrt{2}}=x_2$，以及

$$x_{n-1}<x_n \Rightarrow x_n=\sqrt{2+x_{n-1}}<\sqrt{2+x_n}=x_{n+1},$$

知 $\{x_n\}$ 单调递增. 又从 $x_1<2$，以及

$$x_n<2 \Rightarrow x_{n+1}=\sqrt{2+x_n}<\sqrt{2+2}=2,$$

知 $\{x_n\}$ 有上界，因此，$\{x_n\}$ 收敛.

设 $\lim\limits_{n\to\infty}a_n=a$，在 $a_{n+1}=\sqrt{2+a_n}$ 两边取极限得

$$a=\sqrt{2+a},$$

由于 $a>0$，故 $a=2$.

**例 1-5-2** 设 $x_1=2$，$x_{n+1}=1+\dfrac{x_n^2}{1+x_n^2}$，证明：$\{x_n\}$ 收敛.

**证** 显然 $x_n>0(n=1,2,\cdots)$，由 $x_{n+1}=1+\dfrac{x_n^2}{1+x_n^2}=2-\dfrac{1}{1+x_n^2}$ 知

$$x_{n+1}-x_n=2-\frac{1}{1+x_n^2}-\left(2-\frac{1}{1+x_{n-1}^2}\right)=\frac{(x_n+x_{n-1})(x_n-x_{n-1})}{(1+x_n^2)(1+x_{n-1}^2)}.$$

由于 $x_2-x_1=\dfrac{9}{5}-2<0$ 以及 $x_n>0$，故利用数学归纳法可知 $x_{n+1}-x_n<0$，即 $\{x_n\}$ 单调递减，又由于 $x_n>0$，故 $\{x_n\}$ 收敛.

**例 1-5-3** 已知 $x_1=1$，$x_{n+1}=\dfrac{1}{1+x_n}$，证明：$\{x_n\}$ 收敛，并求其极限.

**证** 设 $f(x)=\dfrac{1}{1+x}$，$F(x)=f[f(x)]=\dfrac{1+x}{2+x}$，则 $F'(x)=\dfrac{1}{(2+x)^2}>0$，且 $x_{n+1}=F(x_{n-1})$.

于是有

$$x_{2n+3}-x_{2n+1}=F'(\xi)(x_{2n+1}-x_{2n-1}) \qquad (\xi \text{ 介于 } x_{2n-1} \text{ 与 } x_{2n+1} \text{ 之间}).$$

上式表明 $(x_{2n+3}-x_{2n+1})$ 与 $(x_{2n+1}-x_{2n-1})$ 同号，又由于 $x_3=\dfrac{2}{3}<x_1=1$，递推知 $\{x_{2n+1}\}$ 单调递减，且显然有下界0，故 $\{x_{2n+1}\}$ 收敛.

同理可知，$\{x_{2n}\}$ 单调递增，有上界 1，故 $\{x_{2n}\}$ 收敛.

设 $\lim\limits_{n\to\infty} x_{2n+1}=a$，$\lim\limits_{n\to\infty} x_{2n}=b$，则 $a,b\geqslant 0$，在 $x_{2n+1}=\dfrac{1}{1+x_{2n}}$ 及 $x_{2n}=\dfrac{1}{1+x_{2n-1}}$ 两边分别取极限得

$$\begin{cases} a=\dfrac{1}{1+b} \\ b=\dfrac{1}{1+a} \end{cases}.$$

由此解得 $a=b=\dfrac{-1+\sqrt{5}}{2}$，故 $\{x_n\}$ 收敛，且 $\lim\limits_{n\to\infty} x_n=\dfrac{-1+\sqrt{5}}{2}$.

**注：** 在例 1-5-1 和例 1-5-2 中，生成函数的导数 $f'(x)>0$，由此可以直接推出 $\{x_n\}$ 单调；在例 1-5-3 中，$f'(x)<0$，虽然由此无法推出 $\{x_n\}$ 单调，但可以直接推出 $\{x_{2n+1}\}$ 及 $\{x_{2n}\}$ 单调，且单调性相反（推导过程留做练习）.

---

### 1.5.2 利用压缩映射原理

**【要点】**

**定理** （1）对任意数列 $\{x_n\}$，若 $\exists r:0<r<1$，使得

$$|x_{n+1}-x_n|\leqslant r|x_n-x_{n-1}|\ (n=2,3,\cdots),$$

则数列 $\{x_n\}$ 收敛.

（2）特别地，若数列 $\{x_n\}$ 利用递推公式给出：

$$x_{n+1}=f(x_n)(n=1,2,\cdots),$$

式中，$f$ 为可微函数，且 $\exists r\in\mathbf{R}$，使得

$$|f'(x)|\leqslant r<1(\forall x\in\mathbf{R}),$$

则数列 $\{x_n\}$ 收敛.

**证** （1）对任意正整数 $p$，有

$$\begin{aligned}|x_{n+p}-x_n| &\leqslant \sum_{k=n+1}^{n+p}|x_k-x_{k-1}| \\ &\leqslant \sum_{k=n+1}^{n+p} r^{k-1}|x_1-x_0| = |x_1-x_0|\frac{r^n(1-r^p)}{1-r} \\ &\leqslant |x_1-x_0|\frac{r^n}{1-r}.\end{aligned}$$

由柯西准则知，数列 $\{x_n\}$ 收敛.

（2）利用微分中值定理，有

$$|x_{n+1}-x_n|=|f(x_n)-f(x_{n-1})|=|f'(\xi_n)|\cdot|x_n-x_{n-1}|\leqslant r|x_{n+1}-x_n|(n=2,3,\cdots),$$

由（1）知，数列 $\{x_n\}$ 收敛.

**注：** 若 $|f'(x)|\leqslant r<1$ 只在某个区间内成立，则需验证 $x_n(n=1,2,\cdots)$ 是否属于该区间.

**例 1-5-4**　已知 $x_0=1$，$x_{n+1}=\sqrt{2x_n}\,(n=0,1,2,\cdots)$，讨论 $\{x_n\}$ 的收敛性，如果收敛，则求其极限.

**解**　由 $1\leqslant x_0=1<2$，以及 $1\leqslant x_n<2\Rightarrow 1\leqslant x_{n+1}=\sqrt{2x_n}<2$ 知，$1\leqslant x_n<2\,(n=0,1,2,\cdots)$ 成立.

记 $f(x)=\sqrt{2x}(1\leqslant x<2)$，则 $\left|f'(x)\right|=\dfrac{\sqrt{2}}{2x}\leqslant\dfrac{\sqrt{2}}{2}<1(1\leqslant x<2)$，故 $\{x_n\}$ 收敛.

设 $\lim\limits_{n\to\infty}x_n=a$，在 $x_{n+1}=\sqrt{2x_n}$ 两边取极限得 $a=\sqrt{2a}$，又由于 $1\leqslant x_n<2$，故 $a=2$.

## 1.5.3　利用不动点方法

**【要点】**　先找到生成函数的不动点，然后根据初始值的分布，讨论生成数列的单调性（可以借助蛛网图）.

**例 1-5-5**　已知数列 $\{x_n\}$ 在区间 $I$ 上由 $x_{n+1}=f(x_n)(n=1,2,\cdots)$ 给出，$f$ 在 $I$ 上连续递增，$f$ 在 $I$ 上有不动点 $x^*$，即 $x^*=f(x^*)$，且满足条件

$$\left[x_1-f(x_1)\right](x_1-x^*)\geqslant 0, \tag{1-5-5-1}$$

则数列 $\{x_n\}$ 收敛，且极限 $a$ 满足 $a=f(a)$.

**证**　分三种情况进行讨论.

（1）若 $x_1>x^*$，则由

$$x_2=f(x_1)\geqslant f(x^*)=x^*,$$

以及

$$x_n>x^*\Rightarrow x_{n+1}=f(x_n)>f(x^*)=x^*,$$

知 $x_n>x^*(n=1,2,\cdots)$ 成立，即 $x^*$ 为 $\{x_n\}$ 的下界.

另外，由条件式（1-5-5-1）知 $x_2=f(x_1)\leqslant x_1$，又由于 $f$ 为增函数，故

$$x_n<x_{n-1}\Rightarrow x_{n+1}=f(x_n)<f(x_{n-1})=x_n,$$

于是，$x_{n+1}\leqslant x_n(n=1,2,\cdots)$ 成立，即 $\{x_n\}$ 单调递减. 由单调有界准则知数列 $\{x_n\}$ 收敛.

设 $\lim\limits_{n\to\infty}x_n=a$，在 $x_{n+1}=f(x_n)$ 两边取极限，由 $f$ 连续知，$a=f(a)$.

（2）$x_1<x^*$ 的情况，类似可证.

（3）若 $x_1=x^*$，则 $x_n=x^*(n=1,2,\cdots)$，结论显然成立.

**注:**　$f$ 单调递增和条件式（1-5-5-1）促使生成数逐步向不动点靠近，从而保证数列收敛.

**例 1-5-6**　设 $x_1>0$，$x_{n+1}=\dfrac{c(1+x_n)}{c+x_n}$ ($c>1$，为常数)，求 $\lim\limits_{n\to\infty}x_n$.

**解**　易知 $x_n>0$，设 $f(x)=\dfrac{c(1+x)}{c+x}$，$x\in(0,+\infty)$，则 $f$ 的不动点 $x^*=\sqrt{c}$，且

$$f'(x)=\frac{c(1-c)}{(c+x)}>0$$

$\Rightarrow f(x)$在$(0,+\infty)$上为增函数，以及

$$\left[x_1-\frac{c(1+x_1)}{c+x_1}\right](x_1-\sqrt{c})=\frac{x_1+\sqrt{c}}{c+x_1}(x_1-\sqrt{c})^2>0,$$

故$\lim\limits_{n\to\infty}x_n=\sqrt{c}$.

## 习题 1-5

**1-5-1** 设$x_{n+1}=x_n(2-x_n)$ $(0<x_0<1)$，证明：数列$\{x_n\}$收敛，并求其值.

**1-5-2** 已知$a_1$和$b_1$是两个正数，令

$$a_{n+1}=\sqrt{a_nb_n},\ b_{n+1}=\frac{a_n+b_n}{2}\qquad (n=1,2,\cdots).$$

证明：$\lim\limits_{n\to\infty}a_n$及$\lim\limits_{n\to\infty}b_n$存在且相等.

**1-5-3** 已知$x_1>-6$，$x_{n+1}=\sqrt{6+x_n}$ $(n=1,2,\cdots)$. 试证：$\lim\limits_{n\to\infty}x_n$存在，并求其值.

**1-5-4** 数列$\{x_n\}$由如下递推公式定义：$x_1=1$，$x_{n+1}=1+\dfrac{1}{x_n}$ $(n=1,2,\cdots)$. 求极限$\lim\limits_{n\to\infty}x_n$.

**1-5-5** 设$f(x)=\dfrac{x+2}{x+1}$，数列$\{x_n\}$由如下递推公式定义：$x_0=1$，$x_{n+1}=f(x_n)$ $(n=0,1,2,\cdots)$. 求极限$\lim\limits_{n\to\infty}x_n$.

**1-5-6** 设$x_0=m$，$x_1=m+\varepsilon\sin x_0$，$x_n=m+\varepsilon\sin x_{n-1}(n=2,3,\cdots,\ 0<\varepsilon<1)$，试证：$\lim\limits_{n\to\infty}x_n=\xi$存在，且$\xi$为方程$x-\varepsilon\sin x=m$的唯一根.

**1-5-7** 设$x_0>0$，$x_{n+1}=2+\dfrac{1}{\sqrt{x_n}}$，证明：数列$\{x_n\}$收敛，并求其极限.

**1-5-8** 利用单调有界准则和压缩映射原理证明例 1-5-6 的结果.

**1-5-9** 设$x_0>0$，$x_{n+1}=\dfrac{x_n(x_n^2+3\alpha)}{3x_n^2+3\alpha}$，$\alpha\geqslant 0$，证明：数列$\{x_n\}$的极限存在，并求其值.

# 第 2 章

# 一元函数的连续性

函数的连续性是数学分析的重要内容，本章主要讨论连续性、一致连续的证明及相关应用问题.

# 2.1　连续性的证明及应用

## 2.1.1　连续性的证明

**【要点】**　要证明函数 $f$ 在某区间 $I$ 上连续，只要在该区间 $I$ 上任意取定一点 $x_0 \in I$，证明：$\lim\limits_{x \to x_0} f(x_0) = f(x_0)$. 常用方法如下.

（1）利用定义：$\forall \varepsilon > 0$，$\exists \delta > 0$，当 $|x - x_0| < \delta$ 时，有 $|f(x) - f(x_0)| < \varepsilon$.

（2）利用左、右连续：

$$f(x_0^+) = f(x_0) = f(x_0^-).$$

（3）利用邻域的语言：$\forall \varepsilon > 0$，$\exists \delta > 0$，使得

$$f[(x_0 - \delta, x_0 + \delta)] \subset (f(x_0) - \varepsilon, f(x_0) + \varepsilon).$$

（4）利用连续函数的运算性质：连续函数与连续函数经过有限次四则运算或复合运算后，结果仍是连续的.

---

**例 2-1-1**　证明：Riemann 函数

$$R(x) = \begin{cases} \dfrac{1}{q}, & x = \dfrac{p}{q}\left(p,q\text{为正整数，}p/q\text{为既约真分数}\right) \\ 0, & x = 0,1\text{及}(0,1)\text{内的无理数} \end{cases},$$

在 $(0,1)$ 内的任何有理点处不连续，任何无理点处连续.

**证**　（1）设 $x_0 = \dfrac{p}{q} \in (0,1)$ 为有理点，取 $\varepsilon_0 = \dfrac{1}{2q}$，由实数的稠密性知，$\forall \delta > 0$，存在无理数 $x' \in U(x_0;\delta)$，使得

$$|R(x') - R(x_0)| = \left|0 - \frac{1}{q}\right| = \frac{1}{q} > \frac{1}{2q} = \varepsilon_0,$$

故 $R(x)$ 在有理点处不连续.

（2）设 $x_0 \in (0,1)$ 为无理点，则 $R(x_0) = 0$.

从 $R(x)$ 的定义可以看出，$\forall \varepsilon > 0$，$R(x) \geqslant \varepsilon$ 的点 $x$，在 $(0,1)$ 内最多只有有限个（事实上，要想 $R(x) \geqslant \varepsilon > 0$，$x$ 必须是有理点，若 $x = \dfrac{p}{q}$，$R\left(\dfrac{p}{q}\right) = \dfrac{1}{q} \geqslant \varepsilon$，则 $0 \leqslant p < q \leqslant \dfrac{1}{\varepsilon}$. 可见，满足此不等式的有理数 $\dfrac{p}{q}$ 最多只有有限个），因此，可取 $\delta > 0$ 充分小，使得 $(x_0 - \delta, x_0 + \delta)$ 内不含有使不等式 $R(x) \geqslant \varepsilon$ 成立的点，即

$$\forall x \in (x_0 - \delta, x_0 + \delta)\text{，有 } |R(x) - R(x_0)| = R(x) < \varepsilon.$$

这表明 $R(x)$ 在 $(0,1)$ 内的无理点处连续.

**例 2-1-2**　设 $f(x)$ 在 $[a,b]$ 上连续，证明：函数

$$m(x)=\inf_{a\leqslant t\leqslant x} f(t)，\quad M(x)=\sup_{a\leqslant t\leqslant x} f(t)$$

在 $[a,b]$ 上连续.

下面用两种方法分别证明 $m(x)$ 和 $M(x)$ 的连续性.

**证**　(1) $\forall x_0\in[a,b]$，先证 $m(x)$ 在点 $x_0$ 处右连续. $\forall\varepsilon>0$，由于 $f(x)$ 在点 $x_0$ 处连续，故 $\exists\delta>0$，当 $|x-x_0|<\delta$ 时，有

$$|f(x)-f(x_0)|<\varepsilon.$$

于是，当 $x_0<x<x_0+\delta$ 时，有

$$f(x)>f(x_0)-\varepsilon\geqslant m(x_0)-\varepsilon.$$

而当 $a\leqslant x\leqslant x_0$ 时，有 $f(x)\geqslant m(x_0)\geqslant m(x_0)-\varepsilon$. 由此可知，当 $x_0<x<x_0+\delta$ 时，有 $m(x)\geqslant m(x_0)-\varepsilon$，又由于 $m(x)$ 是递减的，故当 $x_0<x<x_0+\delta$ 时，有

$$m(x_0)\geqslant m(x)\geqslant m(x_0)-\varepsilon.$$

从而

$$\lim_{x\to x_0^+} m(x)=m(x_0),$$

即 $m(x)$ 在点 $x_0$ 处右连续.

下证 $m(x)$ 在点 $x_0$ 处左连续.

不妨设 $f(x)$ 在 $[a,x_0]$ 内的下确界在点 $x_0$ 处达到，即 $m(x_0)=f(x_0)$（否则，若 $m(x_0)=f(x_1)$，$a\leqslant x_1<x_0$，则当 $x_1<x<x_0$ 时，$m(x)\equiv m(x_0)$，从而左连续）.

同上，$\forall\varepsilon>0$，$\exists\delta>0$，当 $x_0-\delta<x<x_0$ 时，有

$$f(x)<f(x_0)-\varepsilon=m(x_0)-\varepsilon.$$

因此，$m(x)\leqslant m(x_0)-\varepsilon$，从而，当 $x_0-\delta<x<x_0$ 时，有

$$m(x_0)\leqslant m(x)\leqslant m(x_0)-\varepsilon.$$

由此可知

$$\lim_{x\to x_0^-} m(x)=m(x_0),$$

即 $m(x)$ 在点 $x_0$ 处左连续.

(2) 由于 $M(x)$ 单调递增，故每点处的单侧极限存在. $\forall x_0\in[a,b]$，只要证明下式成立：

$$M(x_0^-)=M(x_0)=M(x_0^+).\qquad (2\text{-}1\text{-}2\text{-}1)$$

由 $M(x)$ 的单调性，有 $M(x_0^-)\leqslant M(x_0)$. 又因为 $\forall x\in[a,x_0]$，有 $\sup\limits_{a\leqslant t\leqslant x} f(t)=M(x)\leqslant M(x_0^-)$，所以 $M(x_0)=\sup\limits_{a\leqslant t\leqslant x_0} f(t)\leqslant M(x_0^-)$，故式 (2-1-2-1) 第一个等式成立.

下面用反正法证式 (2-1-2-1) 第二个等式成立.

由 $M(x)$ 的单调性，有 $M(x_0)\leqslant M(x_0^+)$. 假若 $M(x_0^+)>M(x_0)$，则可取充分小的 $\varepsilon_0>0$，使得 $M(x_0^+)>M(x_0)+\varepsilon_0$. 于是 $\forall x>x_0$，有

$$\sup_{a\leqslant t\leqslant x} f(t)=M(x)\geqslant M(x_0^+)>M(x_0)+\varepsilon_0,$$

由确界定义知 $\exists t\in[a,x]$，使得

$$f(t)>M(x_0)+\varepsilon_0\geqslant f(x_0)+\varepsilon_0 . \tag{2-1-2-2}$$

但在 $[a,x_0]$ 上有 $f(x)\leqslant M(x_0)$，所以式（2-1-2-2）中的 $t\in(x_0,x]$，这便与 $f(x)$ 的连续性矛盾.

---

**例 2-1-3** 设函数 $y=f(x)$ 在 $(a,b)$ 内有定义，具有介值性质（若 $f(x_1)<\mu<f(x_2)$，则 $\exists\xi$ 位于 $x_1$ 与 $x_2$ 之间，使得 $f(\xi)=\mu$），并且是一对一的（若 $x_1\neq x_2$，则必有 $f(x_1)\neq f(x_2)$）.

试证:

（1）$f(x)$ 是严格单调的，值域为某个开区间 $J$；

（2）$f^{-1}(y)$ 在 $J$ 内单调，而且也有介值性质；

（3）$f(x)$ 和 $f^{-1}(y)$ 连续.

**证** （1）由于 $f$ 是一对一的，假若 $f$ 不严格单调，则必存在 $x_1<x_2<x_3$，使得

$$f(x_1)<f(x_2),\quad f(x_2)>f(x_3),$$

或

$$f(x_1)>f(x_2),\quad f(x_2)<f(x_3).$$

下面只就前一种情况进行讨论，后一种情况类似可证.

任取一个数 $\mu$，使得

$$\max\{f(x_1),f(x_3)\}<\mu<f(x_2),$$

由介值性质知，存在 $\xi_1\in(x_1,x_2)$，$\xi_2\in(x_2,x_3)$，使得 $f(\xi_1)=\mu=f(\xi_2)$. 这与 $f$ 是一对一的条件矛盾，故 $f$ 只能严格单调.

为了确定起见，不妨假设 $f$ 严格单调递增，由介值性质，并注意到定义域为 $(a,b)$，故值域必为某开区间（可以为无穷区间），记为 $J$.

（2）因为 $f$ 严格单调递增，若 $f^{-1}$ 不严格单调递增，则 $\exists y_1<y_2$ 使得 $f^{-1}(y_1)\geqslant f^{-1}(y_2)$，即

$$y_1=f\left[f^{-1}(y_1)\right]\geqslant f\left[f^{-1}(y_2)\right]=y_2,$$

矛盾，所以 $f^{-1}$ 严格单调递增.

下证 $f^{-1}$ 具有介值性质.

因为 $\forall f^{-1}(y_1)<\xi<f^{-1}(y_2)$，由 $f$ 的单调性，有

$$y_1=f\left[f^{-1}(y_1)\right]<f(\xi)<f\left[f^{-1}(y_2)\right]=y_2.$$

记 $\mu=f(\xi)$，则 $f^{-1}(\mu)=\xi$. 这表明，对任意二值 $f^{-1}(y_1)$ 与 $f^{-1}(y_2)$ 之间的每个值 $\xi$，必存在 $\mu=f(\xi)$ 位于 $y_1$ 与 $y_2$ 之间，使得 $f^{-1}(\mu)=\xi$.

（3）$\forall x_0\in(a,b)$，$\forall\varepsilon>0$，记

$$U=\left(f(x_0)-\varepsilon,f(x_0)+\varepsilon\right),$$

因为 $f$ 的值域为开区间，不妨设 $U\subset J$（只要 $\varepsilon$ 足够小），因为 $f$ 严格单调递增，所以

$$f^{-1}\left[f(x_0)-\varepsilon\right]<x_0<f^{-1}\left[f(x_0)+\varepsilon\right].$$

取

$$\delta=\min\left\{x_0-f^{-1}\left[f\left(x_0\right)-\varepsilon\right],f^{-1}\left[f\left(x_0\right)+\varepsilon\right]-x_0\right\},$$

记 $V=\left(x_0-\delta,x_0+\delta\right)$，由 $f$ 的单调性知 $f(V)\subset U$. 所以 $f$ 在 $(a,b)$ 上连续.

类似可证 $f^{-1}(y)$ 在 $J$ 上连续.

---

**例 2-1-4**　证明:

（1）若函数 $f(x)$ 和 $g(x)$ 连续，则函数

$$\varphi(x)=\min\{f(x),g(x)\}$$

和

$$\psi(x)=\max\{f(x),g(x)\}$$

也连续.

（2）设 $f_1(x)$、$f_2(x)$ 和 $f_3(x)$ 在 $[a,b]$ 上连续，令函数 $f$ 的值 $f(x)$ 等于 $f_1(x)$、$f_2(x)$ 和 $f_3(x)$ 中介于其他二值之间的那个值，证明：$f$ 在 $[a,b]$ 上连续.

**证**（1）

$$\varphi(x)=\frac{f(x)+g(x)-|f(x)-g(x)|}{2},$$

$$\psi(x)=\frac{f(x)+g(x)+|f(x)-g(x)|}{2}.$$

（2）

$$f(x)=f_1(x)+f_2(x)+f_3(x)-\max\{f_1(x),f_2(x),f_3(x)\}-\min\{f_1(x),f_2(x),f_3(x)\}.$$

根据连续函数的运算性质可知，上述函数都是连续函数.

---

## 2.1.2　连续性的应用

前面主要讨论如何由给定的条件证明函数连续. 下面讨论相反的问题：给定连续函数，如何证明在某些条件下有某些结果.

---

**例 2-1-5**　设 $f(x)$ 对 $(-\infty,+\infty)$ 内一切 $x$ 有 $f\left(x^2\right)=f(x)$，且 $f(x)$ 在 $x=0$，$x=1$ 处连续，证明：$f(x)$ 在 $(-\infty,+\infty)$ 内为常数.

**证**（1）设 $x>0$，由条件 $f\left(x^2\right)=f(x)$ 知

$$f(x)=f\left(x^{\frac{1}{2}}\right)=f\left(x^{\frac{1}{4}}\right)=\cdots=f\left(x^{\frac{1}{2n}}\right),$$

因此

$$f(x)=\lim_{n\to\infty}f\left(x^{\frac{1}{2n}}\right)=f\left(\lim_{n\to\infty}x^{\frac{1}{2n}}\right)=f(1).$$

（2）$x<0$ 时，$f(x)=f\left(x^2\right)=f(1)$.

（3）$x=0$ 时，$f(0)=\lim_{x\to0}f(x)=f(1)$.

综上，$f(x)\equiv f(1)$（常数）.

**例 2-1-6** 设 $f:[a,b]\to[a,b]$ 为连续函数，证明：$\exists\xi\in[a,b]$，使得 $f(\xi)=\xi$.

**证** 若 $f(a)=a$ 或 $f(b)=b$，则结论显然成立. 否则，由 $g(x)\equiv f(x)-x$ 连续，$f(a)>a$，$f(b)<b$ 知，$\exists\xi\in(a,b)$ 使得 $g(\xi)=0$，即 $f(\xi)=\xi$.

**例 2-1-7** 若 $f$ 在 $[a,b]$ 上连续，且对每个 $x\in[a,b]$，存在 $y\in[a,b]$，使得 $|f(y)|\leqslant k|f(x)|$，式中，$0<k<1$. 证明：$\exists\xi\in[a,b]$，使得 $f(\xi)=0$.

**证** 任取 $x_0\in[a,b]$，则存在 $x_1\in[a,b]$，使得 $|f(x_1)|\leqslant k|f(x_0)|$，这样继续下去，可以得到一个数列 $\{x_n\}\subset[a,b]$，使得

$$|f(x_n)|\leqslant k|f(x_{n-1})|\leqslant\cdots\leqslant k^n|f(x_0)|\to 0(n\to\infty).$$

因此 $\lim\limits_{n\to\infty}f(x_n)=0$，考虑到数列 $\{x_n\}\subset[a,b]$，故存在收敛子列 $\{x_{n_k}\}$，设 $\lim\limits_{k\to\infty}x_{n_k}=\xi$，则 $\xi\in[a,b]$，由于 $f$ 在 $[a,b]$ 上连续，因此

$$\lim_{k\to\infty}f(x_{n_k})=f(\xi),$$

又由于 $\{f(x_{n_k})\}$ 为 $\{f(x_n)\}$ 的子列，故 $f(\xi)=0$.

## 习题 2-1

**2-1-1** 证明：若 $f(x)$ 为连续函数，则 $g(x)=|f(x)|$ 也是连续函数.

**2-1-2** 设函数 $f$ 在 $x=0$ 处连续，且对一切 $x,y\in\mathbf{R}$，有

$$f(x+y)=f(x)+f(y),$$

证明：$f$ 在 $\mathbf{R}$ 上处处连续.

**2-1-3** 设函数 $f(x)$ 在 $[a,b]$ 上连续且恒大于 0，按 $\varepsilon-\delta$ 定义，证明：$\dfrac{1}{f(x)}$ 在 $[a,b]$ 上连续.

**2-1-4** 证明：狄利克雷函数

$$D(x)=\begin{cases}1, & x\text{为有理数}\\ 0, & x\text{为无理数}\end{cases}$$

处处不连续.

**2-1-5** 讨论函数 $f(x)=xD(x)$ 的连续性，式中，$D(x)$ 为狄利克雷函数.

**2-1-6** 设函数 $f(x)$ 在区间 $[a,b]$ 上有界，试证：函数

$$M(x)=\sup_{a\leqslant t\leqslant x}f(t)$$

和

$$m(x)=\inf_{a\leqslant t\leqslant x}f(t)$$

在 $[a,b]$ 内左连续，并举例说明它们可以不右连续.

**2-1-7**　设 $f(x)$ 在(0,1)内有定义，且函数 $\mathrm{e}^x f(x)$ 与 $\mathrm{e}^{-f(x)}$ 在(0,1)内都是单调递增的，试证：$f(x)$ 在(0,1)内连续.

**2-1-8**　证明：若函数 $f(x)$ 在区间 $I$ 上处处连续且为一一映射，则 $f(x)$ 在区间 $I$ 上必为严格单调函数.

**2-1-9**　设

$$u_n(x)=\begin{cases}-n, & x\leqslant -n\\ x, & -n<x\leqslant n\\ n, & x>n\end{cases},$$

试证：若 $f(x)$ 为连续函数，则 $u_n(x)$ 对任意固定的 $n$ 都是 $x$ 的连续函数.

**2-1-10**　函数 $f(x)$ 在 $(a,b)$ 上连续，且

$$a<x_1<x_2<\cdots<x_n<b,$$

证明：在 $(a,b)$ 内存在点 $\xi$，使

$$f(\xi)=\frac{f(x_1)+f(x_2)+\cdots+f(x_n)}{n}$$

成立.

**2-1-11**　若函数 $f(x)$ 在 $[0,1]$ 上连续，$f(0)=f(1)$，则对任何自然数 $n\geqslant 2$，存在 $\xi_n\in[0,1]$，使得

$$f\left(\xi_n+\frac{1}{n}\right)=f(\xi_n).$$

**2-1-12**　设函数 $f(x)$ 在 $(a,b)$ 上连续，且 $f(a^+)$ 和 $f(b^+)$ 存在，证明：$f(x)$ 在 $(a,b)$ 上有界.

**2-1-13**　设函数 $f(x)$ 在 $(a,b)$ 上连续，且 $\lim\limits_{x\to a^+}f(x)=-\infty$，$\lim\limits_{x\to b^-}f(x)=-\infty$，试证：$f(x)$ 在 $(a,b)$ 上有最大值.

**2-1-14**　函数 $f$ 和 $g$ 在 $[a,b]$ 上连续，$f$ 单调，$x_n\in[a,b]$ 使得

$$g(x_n)=f(x_{n+1})\qquad (n=1,2,\cdots),$$

证明：$\exists x_0\in[a,b]$，使得 $f(x_0)=g(x_0)$.

# 2.2 一致连续

一致连续是数学分析的重点内容，本节主要讨论如何利用一致连续的定义及其否定形式来证明函数一致连续或非一致连续；另外，讨论一致连续与连续性的关系.

## 2.2.1 利用一致连续的定义及其否定形式

【要点】 设$f(x)$在区间$I$上有定义（$I$为开、闭、半开半闭，有限或无限区间），则

（1）$f(x)$在$I$上一致连续.

$\Leftrightarrow \forall \varepsilon>0$，$\exists \delta>0$，当$x',x''\in I$，$|x'-x''|<\delta$时，有$|f(x')-f(x'')|<\varepsilon$.

（2）$f(x)$在$I$上非一致连续.

$\Leftrightarrow \exists \varepsilon_0>0$，$\forall \delta>0$，$\exists x'_\delta,x''_\delta\in I$，虽然$|x'_\delta-x''_\delta|<\delta$，但是$|f(x'_\delta)-f(x''_\delta)|\geqslant\varepsilon_0$.

$\Leftrightarrow \exists \varepsilon_0>0$，$\forall \frac{1}{n}>0$，$\exists x'_n,x''_n\in I(n=1,2,\cdots)$，虽然$|x'_n-x''_n|<\frac{1}{n}$，但是$|f(x'_n)-f(x''_n)|\geqslant\varepsilon_0$.

特别地，若$\exists \varepsilon_0>0$，$\exists x'_n,x''_n\in I(n=1,2,\cdots)$，虽然$\lim\limits_{n\to\infty}|x'_n-x''_n|=0$，但是

$$|f(x'_n)-f(x''_n)|\geqslant\varepsilon_0 \qquad (n=1,2,\cdots),$$

则可断定$f$在$I$上非一致连续.

用定义证明$f$在$I$上一致连续，通常的方法是设法证明$f$在$I$上满足Lipschitz条件：

$$|f(x')-f(x'')|\leqslant L|x'-x''| \qquad (\forall x',x''\in I),$$

式中，$L>0$为某个常数. 若此条件成立，则函数必然一致连续.

特别地，若$f$的导数在$I$上有界，则$f$在$I$上满足Lipschitz条件.

**例 2-2-1** 证明：$f(x)$在区间$I$上一致连续的充要条件是对$I$上任意两数列$\{x_n\}$和$\{x'_n\}$，只要$x_n-x'_n\to0(n\to\infty)$，就有$f(x_n)-f(x'_n)\to0(n\to\infty)$.

**证** （1）（必要性）因为$f$一致连续，所以$\forall\varepsilon>0$，$\exists\delta>0$，当$x,x'\in I$，$|x-x'|<\delta$时，有

$$|f(x)-f(x')|<\varepsilon.$$

由于$x_n-x'_n\to0(n\to\infty)$，故对上述$\delta>0$，$\exists N>0$，当$n>N$时，有

$$|x_n-x'_n|<\delta,$$

从而有$|f(x_n)-f(x'_n)|<\varepsilon$，即$f(x_n)-f(x'_n)\to0\ (n\to\infty)$.

（2）（充分性）反证法.

若$f$在$I$上非一致连续，则$\exists\varepsilon_0>0$，$\forall\frac{1}{n}>0$，$\exists x_n,x'_n\in I$，虽然

$$|x_n-x'_n|<\frac{1}{n},$$

但

$$|f(x_n)-f(x'_n)|\geqslant\varepsilon_0,$$

可见，$x_n-x'_n\to0$，但$f(x_n)-f(x'_n)\nrightarrow0$（$n\to\infty$），矛盾. 故$f$在$I$上一致连续.

**例 2-2-2**　设 $f(x)=\sin\dfrac{1}{x}$，$a>0$ 为任意正常数. 试证：$f(x)$ 在 $[a,+\infty)$ 上一致连续，在 $(0,a)$ 上非一致连续.

**证**　（1）$\forall x',x''\in[a,+\infty)$，有

$$\begin{aligned}|f(x')-f(x'')|&\leqslant\left|\sin\frac{1}{x'}-\sin\frac{1}{x''}\right|\\&\leqslant 2\left|\cos\frac{\frac{1}{x'}+\frac{1}{x''}}{2}\right|\cdot\left|\sin\frac{\frac{1}{x'}-\frac{1}{x''}}{2}\right|\\&\leqslant 2\cdot\frac{\left|\frac{1}{x'}-\frac{1}{x''}\right|}{2}=\frac{1}{x'x''}|x'-x''|\\&\leqslant\frac{1}{a^2}|x'-x''|\equiv L|x'-x''|,\end{aligned}$$

表明 $f$ 满足 Lipschitz 条件.

从而 $\forall\varepsilon>0$，取 $\delta=\dfrac{\varepsilon}{L}$，当 $|x'-x''|<\delta$ 时，有 $|f(x')-f(x'')|<\varepsilon$，即 $f(x)$ 在 $[a,+\infty)$ 上一致连续.

（2）取

$$x_n'=\frac{1}{2n\pi+\frac{\pi}{2}},\quad x_n''=\frac{1}{2n\pi}\qquad(n=1,2,\cdots),$$

则当 $n$ 充分大时，$x_n',x_n''\in(0,a)$，且

$$|x_n'-x_n''|\to 0\qquad(n\to\infty).$$

但 $|f(x_n')-f(x_n'')|=1$，故 $f$ 在 $(0,a)$ 上非一致连续.

**注：**　$|f'(x)|=\left|-\dfrac{1}{x^2}\cos\dfrac{1}{x}\right|\leqslant\dfrac{1}{a^2}$，$\forall x\in[a,+\infty)$，由此可知 $f(x)$ 在 $[a,+\infty)$ 上满足 Lipschitz 条件，从而 $f(x)$ 在 $[a,+\infty)$ 上一致连续.

**例 2-2-3**　函数 $f(x)=x^2$ 在下列区间上是否一致连续：

（1）$(-a,a)$，$a>0$；（2）$(-\infty,+\infty)$.

**解**　（1）$\forall x',x''\in(-a,a)$，有

$$|f(x')-f(x'')|=\left|(x')^2-(x'')^2\right|\leqslant 2a|x'-x''|.$$

从而 $\forall\varepsilon>0$，取 $\delta=\dfrac{\varepsilon}{2a}$，当 $|x'-x''|<\delta$ 时，有

$$|f(x')-f(x'')|<\varepsilon,$$

即$f(x)$在$(-a,a)$上一致连续.

（2）取$x_n'=n$，$x_n''=n+\frac{1}{n}$，则

$$|x_n'-x_n''|\to 0 \qquad (n\to\infty),$$

但

$$|f(x_n')-f(x_n'')|=2+\left(\frac{1}{n}\right)^2>2,$$

故$f(x)$在$(-\infty,+\infty)$上非一致连续.

## 2.2.2 一致连续与连续性的关系

我们知道，若$f(x)$在区间$I$上一致连续，则$f(x)$在$I$上连续，反之不一定. 若$I$为有限闭区间，据 Cantor 定理，$f(x)$在$[a,b]$上连续等价于$f(x)$在$[a,b]$上一致连续.

现在让我们来讨论开区间以及无穷区间的情况.

**例 2-2-4** 设$f(x)$在有限开区间$(a,b)$上连续，试证：$f(x)$在$(a,b)$上一致连续的充要条件是极限$\lim\limits_{x\to a^+}f(x)$及$\lim\limits_{x\to b^-}f(x)$存在（有限）.

**证** （1）（必要性）已知：$\forall\varepsilon>0$，$\exists\delta>0$，当$x',x''\in(a,b)$，$|x'-x''|<\delta$时，有

$$|f(x')-f(x'')|<\varepsilon.$$

故当$\forall x',x''\in(a,b)$，$a<x'<a+\delta$，$a<x''<a+\delta$时，有

$$|f(x')-f(x'')|<\varepsilon.$$

由柯西准则知，$\lim\limits_{x\to a^+}f(x)$存在（有限）. 同理，$\lim\limits_{x\to b^-}f(x)$存在.

（2）（充分性）补充定义：

$$f(a)=\lim_{x\to a^+}f(x),\quad f(b)=\lim_{x\to b^-}f(x),$$

则$f(x)$在$[a,b]$上连续. 由 Cantor 定理知，$f(x)$在$[a,b]$上一致连续，从而原$f(x)$在$(a,b)$上一致连续.

**例 2-2-5** 证明：若$f(x)$在$[a,+\infty)$上连续，$\lim\limits_{x\to+\infty}f(x)=A$（有限），则$f(x)$在$[a,+\infty)$上一致连续.

**证** （1）因为$\lim\limits_{x\to+\infty}f(x)=A$，所以根据柯西准则，$\forall\varepsilon>0$，$\exists\Delta>a$，当$x',x''>\Delta$时，有

$$|f(x')-f(x'')|<\varepsilon. \tag{2-2-5-1}$$

（2）由 Cantor 定理知，$f(x)$在$[a,\Delta+1]$上一致连续，故$\forall\varepsilon>0$，$\exists\delta_1>0$，当$x',x''\in[a,\Delta+1]$，$|x'-x''|<\delta_1$时，有

$$|f(x')-f(x'')|<\varepsilon. \tag{2-2-5-2}$$

（3）令 $\delta=\min\{1,\delta_1\}$，则当 $x',x''\in[a,+\infty]$，$|x'-x''|<\delta$ 时，$x',x''$ 要么同属于 $[a,\varDelta+1]$，要么同属于 $(\varDelta,+\infty)$. 由式（2-2-5-1）和式（2-2-5-2）知

$$\left|f(x')-f(x'')\right|<\varepsilon,$$

即 $f(x)$ 在 $[a,+\infty)$ 上一致连续.

**注：** 若 $f(x)$ 在 $[a,+\infty]$ 上一致连续，则 $\lim\limits_{x\to+\infty}f(x)$ 未必存在，例如，$f(x)=x$ 在 $[a,+\infty)$ 上一致连续，但是 $\lim\limits_{x\to+\infty}f(x)$ 并不存在.

---

**例 2-2-6**　设 $f(x)$ 在 $[a,+\infty)$ 上一致连续，$\varphi(x)$ 在 $[a,+\infty)$ 上连续，$\lim\limits_{x\to+\infty}\left[f(x)-\varphi(x)\right]=0$，证明：$\varphi(x)$ 在 $[a,+\infty)$ 上一致连续.

**证**　（1）因为 $\lim\limits_{x\to+\infty}\left[f(x)-\varphi(x)\right]=0$，所以 $\forall\varepsilon>0$，$\exists\varDelta>a$，当 $x>\varDelta$ 时，有

$$\left|f(x)-\varphi(x)\right|<\frac{\varepsilon}{3}.$$

又因为 $f(x)$ 一致连续，所以对上述 $\varepsilon$，$\exists\delta_1>0$，当 $|x'-x''|<\delta_1$ 时，有

$$\left|f(x')-f(x'')\right|<\frac{\varepsilon}{3}.$$

因此，$\forall x',x''>\varDelta$，当 $|x'-x''|<\delta_1$ 时，有

$$\begin{aligned}\left|\varphi(x')-\varphi(x'')\right|&\leqslant\left|\varphi(x')-f(x')\right|+\left|f(x')-f(x'')\right|+\left|f(x'')-\varphi(x'')\right|\\&<\frac{\varepsilon}{3}+\frac{\varepsilon}{3}+\frac{\varepsilon}{3}=\varepsilon.\end{aligned}$$

（2）由 Cantor 定理知，$\varphi(x)$ 在 $[a,\varDelta+1]$ 上一致连续，所以对此 $\varepsilon$，$\exists\delta_2>0$，当 $x',x''\in[a,\varDelta+1]$，$|x'-x''|<\delta_2$ 时，有

$$\varphi(x')-\varphi(x'')<\varepsilon.$$

（3）取 $\delta=\min\{1,\delta_1,\delta_2\}$，$\forall x',x''\in[a,+\infty)$，当 $|x'-x''|<\delta$ 时，有

$$\left|\varphi(x')-\varphi(x'')\right|<\varepsilon.$$

---

## 习题 2-2

**2-2-1**　试证如下三个条件有逻辑关系：（1）$\Rightarrow$（2）$\Rightarrow$（3）.

（1）$f(x)$ 在 $I$ 上可导且导函数有界，即 $\exists M>0$ 使得

$$\left|f'(x)\right|\leqslant M\,(\forall x\in I).$$

（2）$f(x)$ 在 $I$ 上满足 Lipschitz 条件，即 $\exists L>0$，使得

$$\left|f(x')-f(x'')\right|\leqslant L\left|x'-x''\right|(\forall x',x''\in I).$$

（3）$f(x)$ 在 $I$ 上一致连续.

**2-2-2**　证明：$y=\sin\sqrt{x}$ 在 $(0,+\infty)$ 上一致连续.

**2-2-3** 函数 $f(x)$ 在 $[a,b]$ 上一致连续，又在 $[b,c]$ 上一致连续，$a<b<c$. 用定义证明：$f(x)$ 在 $[a,c]$ 上一致连续.

**2-2-4** 设 $f(x)$ 在 $[0,+\infty)$ 上满足 Lipschitz 条件. 证明：$f\left(x^{\alpha}\right)$ ($0<\alpha<1$, 为常数)在 $[0,+\infty)$ 上一致连续.

**2-2-5** 证明：若 $(-\infty,+\infty)$ 上的连续函数 $y=f(x)$ 有极限

$$\lim_{x\to+\infty} f(x)=A \text{ 和 } \lim_{x\to-\infty} f(x)=B,$$

则 $y=f(x)$ 在 $(-\infty,+\infty)$ 上一致连续.

**2-2-6** 设 $f(x)$ 在 $[a,+\infty)$ 上连续，且

$$\lim_{x\to+\infty}[f(x)-cx-d]=0,$$

试证：$f(x)$ 在 $[a,+\infty)$ 上一致连续.

**2-2-7** 设函数 $f(x)$ 在 $[0,+\infty)$ 上连续，在 $(0,+\infty)$ 上处处可导，且

$$\lim_{x\to+\infty}\left|f'(x)\right|=A \qquad (\text{有限或}+\infty),$$

证明：当且仅当 $A$ 为有限时，$f(x)$ 在 $[0,+\infty)$ 上一致连续.

# 第 3 章

# 一元函数微分学

本章主要讨论一元函数导数、微分中值定理、泰勒（Taylor）公式及不等式.

# 3.1 导数

## 3.1.1 导数的定义与可微性

【要点】 $f(x)$ 在 $x_0$ 处导数的定义如下：

$$f'(x_0)=\lim_{x\to x_0}\frac{f(x)-f(x_0)}{x-x_0}=\lim_{h\to 0}\frac{f(x_0+h)-f(x_0)}{h} \tag{3.1-1}$$

因此，可导性（或可微性）的证明，就是极限式（3.1-1）存在性的证明. 要证明不可微，我们可以证明某个可微的必要条件不满足. 例如，$f(x)$ 在 $x_0$ 处不连续，或 $f'_+(x_0)\neq f'_-(x_0)$，或 $x$ 以不同的方式趋于 $x_0$ 时，极限式（3.1-1）取不同的值等.

---

**例 3-1-1** 证明：函数

$$f(x)=\begin{cases}x^2, & x\text{为有理数}\\ 0, & x\text{为无理数}\end{cases}$$

仅在 $x=0$ 处可导.

**证** 由于

$$\frac{f(0+\Delta x)-f(0)}{\Delta x}=\begin{cases}\Delta x^2, & \Delta x\text{为有理数}\\ 0, & \Delta x\text{为无理数}\end{cases},$$

于是，有

$$\lim_{\Delta x\to 0}\frac{f(0+\Delta x)-f(0)}{\Delta x}=0,$$

即 $f'(0)=0$.

对任意 $x\neq 0$ 分两种情况讨论.

（1）$x$ 为有理数，取一个无理数列 $\{x_n\}$，且 $x_n\to x(n\to\infty)$，$x_n\neq x(n=1,2,\cdots)$，则有

$$\lim_{n\to\infty}\frac{f(x_n)-f(x)}{x_n-x}=\lim_{n\to\infty}\frac{0-x^2}{x_n-x}=\infty.$$

由此可见，$f(x)$ 在任意一个有理数 $(\neq 0)$ 处不可导.

（2）$x$ 为无理数，取一个有理数列 $\{x_n\}$，且 $x_n\to x(n\to\infty)$，则有

$$\lim_{n\to\infty}\frac{f(x_n)-f(x)}{x_n-x}=\lim_{n\to\infty}\frac{x_n^2}{x_n-x}=\infty.$$

由此可见，$f(x)$ 在任意一个无理数处不可导.

综上，$f(x)$ 仅在 $x=0$ 处可导.

---

**例 3-1-2** 设函数 $f(x)$ 在 $x=0$ 处连续，并且

$$\lim_{x\to 0}\frac{f(2x)-f(x)}{x}=A,$$

求证：$f'(0)$ 存在，并且 $f'(0)=A$.

**证** 由于

$$\lim_{x\to 0}\frac{f(2x)-f(x)}{x}=A,$$

故 $\forall\varepsilon>0$，$\exists\delta>0$，当 $|x|<\delta$ 时，有

$$A-\frac{\varepsilon}{2}<\frac{f(2x)-f(x)}{x}<A+\frac{\varepsilon}{2}.$$

特别地，取 $x_k=\dfrac{x}{2^k}(k\in\mathbf{N})$，上式亦成立，故

$$\begin{aligned}\frac{1}{2^k}\left(A-\frac{\varepsilon}{2}\right)&<\frac{f\left(\dfrac{x}{2^{k-1}}\right)-f\left(\dfrac{x}{2^k}\right)}{x}\\&<\frac{1}{2^k}\left(A+\frac{\varepsilon}{2}\right)\qquad(k=1,2,\cdots,n),\end{aligned}$$

将此 $n$ 式相加，注意:

$$\begin{aligned}\sum_{k=1}^{n}\left[f\left(\frac{x}{2^{k-1}}\right)-f\left(\frac{x}{2^k}\right)\right]&=f(x)-f\left(\frac{x}{2^n}\right)\\&=f(x)-f(x_n),\end{aligned}$$

$$\sum_{k=1}^{n}\frac{1}{2^k}=1-\frac{1}{2^n},$$

有

$$\begin{aligned}\left(1-\frac{1}{2^n}\right)\left(A-\frac{\varepsilon}{2}\right)&<\frac{f(x)-f(x_n)}{x}\\&<\left(1-\frac{1}{2^n}\right)\left(A+\frac{\varepsilon}{2}\right).\end{aligned}$$

再令 $n\to\infty$，这时 $x_n=\dfrac{x}{2^n}\to 0$，而 $f(x)$ 在 $x=0$ 处连续，即 $\lim\limits_{n\to 0}f(x_n)=f(0)$，故

$$\begin{aligned}A-\frac{\varepsilon}{2}&\leqslant\frac{f(x)-f(0)}{x}\\&\leqslant A+\frac{\varepsilon}{2},\end{aligned}$$

即

$$\left|\frac{f(x)-f(0)}{x}-A\right|\leqslant\frac{\varepsilon}{2}<\varepsilon,$$

从而 $f'(0)$ 存在，并且 $f'(0)=A$.

**注**：如果去掉“$f(x)$ 在 $x=0$ 处连续”这个条件，结论就不一定成立了，例如，对函数

$$f(x)=\begin{cases}1, & x\neq 0\\ 0, & x=0\end{cases},$$

有

$$\lim_{x\to 0}\frac{f(2x)-f(x)}{x}=0,$$

但 $f(x)$ 在 $x=0$ 处导数不存在.

## 3.1.2 高阶导数与莱布尼茨公式

### 1. 先拆项再求导

**【要点】** 有些式子不易直接求高阶导数，可以考虑拆项，将其变成易于求高阶导数的一些基本形式之和. 基本形式主要如下.

（1）$\left(x^k\right)^{(n)}=k(k-1)\cdots(k-n+1)x^{k-n}\ (n\leqslant k)$；

（2）$\left(\mathrm{e}^x\right)^{(n)}=\mathrm{e}^x$；

（3）$\left(a^x\right)^{(n)}=a^x(\ln a)^n$；

（4）$(\ln x)^{(n)}=(-1)^{n-1}(n-1)!x^{-n}$；

（5）$(\sin x)^{(n)}=\sin\left(x+\dfrac{n\pi}{2}\right)$；

（6）$(\cos x)^{(n)}=\cos\left(x+\dfrac{n\pi}{2}\right)$.

**例 3-1-3** 已知 $y=\sin ax\sin bx$，计算 $y^{(n)}$.

**解** 利用积化和差公式有

$$y=\frac{1}{2}\left[\cos(a-b)x-\cos(a+b)x\right],$$

故

$$y^{(n)}=\frac{1}{2}\left\{(a-b)^n\cos\left[(a-b)x+\frac{n\pi}{2}\right]-(a+b)^n\cos\left[(a+b)x+\frac{n\pi}{2}\right]\right\}.$$

### 2. 直接使用莱布尼茨公式

**【要点】** 把需要求导的函数写成二项相乘形式，然后直接应用莱布尼茨（Leibniz）公式：

$$(uv)^{(n)}=\sum_{k=0}^{n}C_n^k u^{(k)}v^{(n-k)}.$$

**例 3-1-4** 试证：

$$\left(a^2+b^2\right)^{\frac{n}{2}}\mathrm{e}^{ax}\sin(bx+n\varphi)=\sum_{i=0}^{n}C_n^i a^{n-i}b^i\mathrm{e}^{ax}\sin\left(bx+\frac{\pi}{2}i\right),$$

式中，$\varphi=\arctan\dfrac{b}{a}$.

**证** 令

$$f(x)=e^{ax}\sin bx,$$

则

$$f'(x)=e^{ax}(a\sin bx+b\cos bx)=e^{ax}(a^2+b^2)^{\frac{1}{2}}\sin(bx+\varphi)\left(\varphi=\arctan\frac{b}{a}\right).$$

反复这么做，可得

$$f^{(n)}(x)=(a^2+b^2)^{\frac{n}{2}}e^{ax}\sin(bx+n\varphi). \tag{3-1-4-1}$$

直接使用莱布尼茨公式，有

$$f^{(n)}(x)=\sum_{i=0}^{n}C_n^i a^{n-i}b^i e^{ax}\sin\left(bx+\frac{\pi}{2}i\right). \tag{3-1-4-2}$$

比较式（3-1-4-1）和式（3-1-4-2）即得所证的等式.

---

### 3．用泰勒公式求导数

**【要点】**　$f(x)$ 按 $x-a$ 的幂展开的幂级数，即得到 $f(x)$ 的泰勒公式：

$$f(x)=\sum_{n=0}^{\infty}\frac{f^{(n)}(a)}{n!}(x-a)^n.$$

因此，一旦得到

$$f(x)=\sum_{n=0}^{\infty}a_n(x-a)^n,$$

则有

$$f^{(n)}(a)=a_n n!\qquad(n=0,1,2,\cdots).$$

---

**例 3-1-5**　求 $f(x)=\arctan x$ 在 $x=0$ 处的各阶导数.

**解**　对

$$f'(x)=\frac{1}{1+x^2}=\sum_{n=0}^{\infty}(-1)^n x^{2n}\qquad(|x|<1),$$

两端从 0 积分到 $x$，可得

$$f(x)=\sum_{n=0}^{\infty}(-1)^n\frac{x^{2n+1}}{2n+1}\qquad(|x|<1),$$

由此得

$$f^{(k)}(0)=\begin{cases}(-1)^n\dfrac{(2n+1)!}{2n+1}=(-1)^n(2n)!, & k=2n+1\\ 0, & k=2n\end{cases}.$$

---

## 习题 3-1

**3-1-1**　讨论函数

$$f(x)=\begin{cases}\dfrac{1}{x}-\dfrac{1}{e^x-1}, & x\neq 0\\ \dfrac{1}{2}, & x=0\end{cases}$$

在 $x=0$ 处的连续性与可微性.

**3-1-2**　证明：Riemann 函数

$$R(x)=\begin{cases}\dfrac{1}{q}, & x=\dfrac{p}{q}，p,q\text{为正整数}，p/q\text{为既约真分数}\\ 0, & x=0,1\text{或}(0,1)\text{内的无理数}\end{cases}$$

在[0,1]上处处不可微.

**3-1-3**　已知函数

$$f(x)=\begin{cases}x^n\sin\dfrac{1}{x}, & x\neq 0，n\text{为自然数}\\ 0, & x=0\end{cases}$$

在什么条件下，$f(x)$在 $x=0$ 处：（1）连续；（2）可导；（3）导函数连续.

**3-1-4**　设函数 $f(x)$ 在区间 $[a,b]$ 上满足以下条件：

$$|f(x)-f(y)|\leqslant M|x-y|^{\alpha}，\ \forall x,y\in[a,b],$$

式中，$M>0$，$\alpha>1$ 为常数，证明：$f(x)$ 在 $[a,b]$ 上恒为常数.

**3-1-5**　设 $f(x)$ 在 $x_0$ 的某领域内有定义.

（1）若 $f(x)$ 在 $x_0$ 处可导，试证：

$$\lim_{h\to 0}\frac{f(x_0+h)-f(x_0-h)}{2h}=f'(x_0).$$

（2）若上式左端的极限存在，能否推出 $f'(x_0)$ 存在？若结论成立，证明之；若不成立，给出反例.

**3-1-6**　设 $\varphi(x)$ 在点 $a$ 处连续，讨论下列函数在点 $a$ 处是否可导：

（1）$f(x)=(x-a)\varphi(x)$；　　（2）$f(x)=|x-a|\varphi(x)$；

（3）$f(x)=(x-a)|\varphi(x)|$.

**3-1-7**　设 $f(x)=(x-a)^n\varphi(x)$，式中，$\varphi(x)$ 在点 $a$ 的邻域内具有 $(n-1)$ 阶连续导数，求 $f^{(n)}(a)$.

**3-1-8**　证明：多项式 $L_m(x)=e^x\left(x^m e^{-x}\right)^{(m)}$ $(m=0,1,2,\cdots)$ 满足方程

$$xL_m''(x)+(1-x)L_m'(x)+mL_m(x)=0.$$

**3-1-9**　已知 $f(x)=\begin{cases}\dfrac{\sin x}{x}, & x\neq 0\\ 1, & x=0\end{cases}$，求 $f^{(k)}(0)$.

# 3.2 微分中值定理

本节主要讨论微分中值定理的应用，包括罗尔（Rolle）定理、拉格朗日（Lagrange）中值定理、柯西中值定理. 本节使用辅助函数法，它是应用微分中值定理的基本方法. 重点掌握如何选用和构造辅助函数.

## 3.2.1 罗尔定理

### 1. 函数零点问题

**【要点】** 零点存在性问题：

（1）借助连续函数介值性质、导函数介值性质求解；

（2）借助罗尔定理求解，即若 $f(x)$ 在 $[a,b]$ 上连续，在 $(a,b)$ 内可导且 $f(a)=f(b)$，则 $\exists\xi\in(a,b)$，使得 $f'(\xi)=0$.

---

**例 3-2-1** 设 $(a,b)$ 为有限或无穷区间，$f(x)$ 在 $(a,b)$ 内可微，且 $\lim\limits_{x\to a^+}f(x)=\lim\limits_{x\to b^-}f(x)=A$（有限），试证：$\exists\xi\in(a,b)$，使得 $f'(\xi)=0$.

**证** 若 $f(x)\equiv A$（有限数），则 $f'(x)\equiv 0$，命题得证.

若 $f(x)\not\equiv A$，则 $\exists\, x_0\in(a,b)$，使得 $f(x_0)\neq A$，下设 $f(x_0)>A$（对 $f(x_0)<A$ 类似可证）. 因为

$$\lim_{x\to a^+}f(x)=\lim_{x\to b^-}f(x)=A,$$

且函数 $f(x)$ 在 $(a,b)$ 上连续，所以对任意取定的数 $\mu\left(A<\mu<f(x_0)\right)$，$\exists x_1\in(a,x_0)$，$x_2\in(x_0,b)$，使得 $f(x_1)=f(x_2)=\mu$. 从而，由罗尔定理知 $\exists\xi\in(x_1,x_2)\subset(a,b)$，使得 $f'(\xi)=0$.

**注：** $\lim\limits_{x\to a^+}f(x)=\lim\limits_{x\to b^-}f(x)=+\infty$（或 $-\infty$），结论仍成立.

---

**例 3-2-2** 设函数 $f(x)$ 满足以下条件：

（1）在区间 $[x_0,x_n]$ 上有定义且有 $(n-1)$ 阶连续导函数 $f^{(n-1)}(x)$；

（2）在区间 $(x_0,x_n)$ 上有 $n$ 阶导函数 $f^{(n)}(x)$；

（3）$f(x_0)=f(x_1)=\cdots=f(x_n)$ $(x_0<x_1<\cdots<x_n)$.

证明：$\exists\xi\in(x_0,x_n)$，使得 $f^{(n)}(\xi)=0$.

**证** 在每个区间 $[x_0,x_1],[x_1,x_2],\cdots,[x_{n-1},x_n]$ 上，$f(x)$ 满足罗尔定理的条件，因此，$\exists x_k^1\in(x_{k-1},x_k)(k=1,2,\cdots,n)$，使得 $f'(x_k^1)=0(k=1,2,\cdots,n)$.

于是，在每个区间 $\left[x_k^1,x_{k+1}^1\right](k=1,2,\cdots,n-1)$ 上，$f'(x)$ 满足罗尔定理的条件，因此，$\exists x_k^2\in\left(x_k^1,x_{k+1}^1\right)(k=1,2,\cdots,n-1)$，使得 $f''(x_k^2)=0(k=1,2,\cdots,n-1)$.

继续上述步骤，经过$(n-1)$次后，得出一个区间$\left(x_1^{n-1},x_2^{n-1}\right)\subset\left(x_0,x_n\right)$，满足$f^{(n-1)}\left(x_k^{n-1}\right)=0(k=1,2)$.

于是，在此区间上$f^{(n-1)}(x)$满足罗尔定理的条件，因此$\exists\xi\in\left(x_1^{n-1},x_2^{n-1}\right)\subset\left(x_0,x_n\right)$，使得$f^{(n)}(\xi)=0$.

---

**例 3-2-3** 若$P_n(x)=a_0x^n+a_1x^{n-1}+\cdots+a_{n-1}x+a_n\left(a_0\neq 0\right)$为实系数多项式，且其一切根皆为实数，试证：导数$P_n'(x),P_n''(x),\cdots,P_n^{(n-1)}(x)$也仅有实根.

**证** 设

$$P_n(x)=a_0\left(x-a_1\right)^{k_1}\cdots\left(x-a_m\right)^{k_m}, \tag{3-2-3-1}$$

式中，$a_1<a_2<\cdots<a_m$分别为$P_n(x)$的$k_1,k_2,\cdots,k_m$重根，$k_1+k_2+\cdots+k_m=n$.

由罗尔定理知，在相邻二异根之间，存在$P_n'(x)$的一个根. 因此$P_n'(x)$在$P_n(x)$的$m$个根的间隙里共有$m-1$个根.

又由式（3-2-3-1）知，当$a_i$是$k_i>1$重根时，则$a_i$必是$P_n'(x)$的$k_i-1$重根. 因此$P_n'(x)$共有

$$(m-1)+\left(k_1-1\right)+\left(k_2-1\right)+\cdots+\left(k_m-1\right)=k_1+k_2+\cdots+k_m-1=n-1$$

个根. 但$P_n'(x)$是$n-1$次多项式，故$P_n'(x)$也仅有$n-1$个根. 所以$P_n'(x)$的根全为实根.

反复这样做$n-1$次，可知$P_n'(x),P_n''(x),\cdots,P_n^{(n-1)}(x)$的根都是实根.

---

## 2. 证明中值公式

**【要点】** 根据结论（有时需要对结论变形甚至乘以恰当的因子）构造辅助函数，应用罗尔定理证明相应结论.

---

**例 3-2-4** 设$f(x)$、$g(x)$和$h(x)$在$[a,b]$上连续，在$(a,b)$内可导，试证：存在$\xi\in(a,b)$，使得

$$\begin{vmatrix} f(a) & g(a) & h(a) \\ f(b) & g(b) & h(b) \\ f'(\xi) & g'(\xi) & h'(\xi) \end{vmatrix}=0. \tag{3-2-4-1}$$

**证** 记

$$F(x)=\begin{vmatrix} f(a) & g(a) & h(a) \\ f(b) & g(b) & h(b) \\ f(x) & g(x) & h(x) \end{vmatrix},$$

则$F(x)$在$[a,b]$上连续，在$(a,b)$内可导，$F(a)=F(b)=0$.

由罗尔定理可知，$\exists\xi\in(a,b)$，使得$F'(\xi)=0$. 据行列式性质，$F'(\xi)=0$，即式（3-2-4-1）成立.

**例 3-2-5**　设 $f(x)$ 在 $[a,b]$ 上连续，在 $(a,b)$ 内可导，$f(a)=f(b)=0$，试证：$\forall\alpha\in\mathbf{R}$，$\exists\xi\in(a,b)$，使得 $\alpha f(\xi)=f'(\xi)$.

**证**　设 $F(x)=f(x)\mathrm{e}^{-\alpha x}$，则 $F(x)$ 在 $[a,b]$ 上连续，在 $(a,b)$ 内可导，且 $F(a)=F(b)=0$.

注意到

$$\left[f(x)\mathrm{e}^{-\alpha x}\right]'=\left[f'(x)-\alpha f(x)\right]\mathrm{e}^{-\alpha x}.$$

由罗尔定理知，$\exists\xi\in(a,b)$，使得 $F'(\xi)=0$，即 $\left[f'(\xi)-\alpha f(\xi)\right]\mathrm{e}^{-\alpha\xi}=0$，亦即 $\alpha f(\xi)=f'(\xi)$.

## 3.2.2　拉格朗日中值定理

### 1．利用几何意义（弦线法）

**【要点】**　由拉格朗日中值定理知，若 $f(x)$ 在 $[a,b]$ 上连续，在 $(a,b)$ 内可导，则 $\forall x_1,x_2\in[a,b]$，$\exists\xi$ 介于 $x_1$ 和 $x_2$ 之间，使得

$$\frac{f(x_2)-f(x_1)}{x_2-x_1}=f'(\xi).$$

即曲线上任意两点的弦，必与两点间某点的切线平行. 我们可以借助这种几何意义进行思考解题.

**例 3-2-6**　设 $f(x)$ 是可微函数，导函数 $f'(x)$ 严格单调递增. 若 $f(a)=f(b)(a<b)$，试证：对一切 $x\in(a,b)$，有 $f(x)<f(a)=f(b)$.

**证**　$\forall x\in(a,b)$，应用拉格朗日中值定理，$\exists\xi\in(a,x)$，$\eta\in(x,b)$，使得

$$f'(\xi)=\frac{f(x)-f(a)}{x-a},\ f'(\eta)=\frac{f(b)-f(x)}{b-x}.$$

因为 $f'$ 严格单调递增，所以 $f'(\xi)<f'(\eta)$，即

$$\frac{f(x)-f(a)}{x-a}<\frac{f(b)-f(x)}{b-x}.$$

注意到 $f(a)=f(b)$，移项即得

$$f(x)<f(a)=f(b).$$

### 2．利用有限增量公式导出新的中值公式

**【要点】**　借助不同的辅助函数，可由有限增量公式：

$$f(b)-f(a)=f'(\xi)(b-a)\qquad(\xi\in(a,b))$$

导出新的中值公式.

**例 3-2-7**　设 $f(x)$ 在 $[a,b]$ 上连续，在 $(a,b)$ 内有二阶导数，试证：存在 $c\in(a,b)$，使

$$f(b)-2f\left(\frac{a+b}{2}\right)+f(a)=\frac{(b-a)^2}{4}f''(c).$$

**证**　方法Ⅰ)

$$\begin{aligned}f(b)-2f\left(\frac{a+b}{2}\right)+f(a)&=\left[f(b)-f\left(\frac{a+b}{2}\right)\right]-\left[f\left(\frac{a+b}{2}\right)-f(a)\right]\\&=\left[f\left(\frac{a+b}{2}+\frac{b-a}{2}\right)-f\left(\frac{a+b}{2}\right)\right]-\left[f\left(a+\frac{b-a}{2}\right)-f(a)\right],\end{aligned}$$

作辅助函数 $\varphi(x)=f\left(x+\dfrac{b-a}{2}\right)-f(x)$，则

$$\begin{aligned}\text{上式}&=\varphi'(\xi)\cdot\left(\frac{a+b}{2}-a\right)=\varphi'(\xi)\frac{b-a}{2}\qquad \xi\in\left(a,\frac{a+b}{2}\right)\\&=\left[f'\left(\xi+\frac{b-a}{2}\right)-f'(\xi)\right]\frac{b-a}{2}\\&=f''\left(\xi+\theta\frac{b-a}{2}\right)\cdot\frac{b-a}{2}\cdot\frac{b-a}{2}\qquad \theta\in(0,1)\\&=f''(c)\cdot\frac{(b-a)^2}{4},\end{aligned}$$

式中，$c=\xi+\theta\dfrac{b-a}{2}\in(a,b)$.

方法Ⅱ)（待定常数法）设 $k$ 为使下式成立的实数：

$$f(b)-2f\left(\frac{a+b}{2}\right)+f(a)-\frac{(b-a)^2}{4}k=0,$$

此时，问题归结为证明：存在 $c\in(a,b)$，使得 $k=f''(c)$. 令

$$F(x)=f(x)-2f\left(\frac{a+x}{2}\right)+f(a)-\frac{(x-a)^2}{4}k,$$

则 $F(a)=F(b)=0$，由罗尔定理知，$\exists\xi\in(a,b)$，使得 $F'(\xi)=0$，即

$$f'(\xi)-f'\left(\frac{a+\xi}{2}\right)-\frac{\xi-a}{2}k=0.\qquad(3\text{-}2\text{-}7\text{-}1)$$

在 $\left[\xi,\dfrac{a+\xi}{2}\right]$ 上应用拉格朗日中值定理，可知，$\exists c\in\left(\xi,\dfrac{a+\xi}{2}\right)\subset(a,b)$，使得

$$f'(\xi)-f'\left(\frac{a+\xi}{2}\right)=f''(c)\frac{\xi-a}{2}.\qquad(3\text{-}2\text{-}7\text{-}2)$$

对比式（3-2-7-1）和式（3-2-7-2）可知 $k=f''(c)$.

**注：**方法Ⅱ）对解决此类问题非常有效，后面还会提到，如例 3-3-1.

### 3．作为函数的变形

【要点】 若 $f(x)$ 在 $[a,b]$ 上连续，在 $(a,b)$ 内可微，则 $f(x)=f(x_0)+f'(\xi)(x-x_0)$ ($\xi$在$x$与$x_0$之间). 这可视为函数 $f(x)$ 的一种变形，它给出了函数与导数的一种关系. 我们可以用它来研究函数的性质，此式相当于 $f(x)$ 的 0 阶泰勒公式.

---

**例 3-2-8** 设 $f(x)$ 在 $[0,+\infty)$ 上可微，$f(0)=0$，并设有实数 $A>0$，使得 $|f'(x)|\leqslant A|f(x)|$ 在 $[0,+\infty)$ 上成立，证明：在 $[0,+\infty)$ 上 $f(x)\equiv 0$.

**证** 因为 $f(x)$ 在 $[0,+\infty)$ 上可微，$f(0)=0$，利用拉格朗日中值定理得

$$\begin{aligned}|f(x)|&=|f(0)+f'(\xi_1)(x-0)|\\&=|f'(\xi_1)x|\leqslant A|f(\xi_1)|x.\end{aligned}$$

当限制 $x\in\left[0,\dfrac{1}{2A}\right]$ 时，得

$$|f(x)|\leqslant\frac{1}{2}|f(\xi_1)| \qquad (0<\xi_1<x).$$

重复使用此式可得

$$|f(x)|\leqslant\frac{1}{2}|f(\xi_1)|\leqslant\frac{1}{4}|f(\xi_2)|\leqslant\cdots\leqslant\frac{1}{2^n}|f(\xi_n)|.$$

这里

$$0<\xi_n<\xi_{n-1}<\cdots<\xi_1<x\leqslant\frac{1}{2A}.$$

在 $\left[0,\dfrac{1}{2A}\right]$ 上，由 $f(x)$ 的连续性知，$\exists M>0$，使得 $|f(x)|\leqslant M$，故

$$|f(x)|\leqslant\frac{M}{2^n} \qquad (n=1,2,\cdots),$$

从而在 $\left[0,\dfrac{1}{2A}\right]$ 上有 $f(x)\equiv 0$. 用数学归纳法，可证在一切 $\left[\dfrac{i-1}{2A},\dfrac{i}{2A}\right](i=1,2,\cdots)$ 上恒有 $f(x)\equiv 0$. 所以在 $[0,+\infty)$ 上 $f(x)\equiv 0$.

---

**例 3-2-9** 设 $f(x)$ 在 $[0,2]$ 上有连续导函数，且 $f(0)=f(2)=1$，$\forall x\in(0,1)$，有 $|f'(x)|\leqslant 1$，证明：$1\leqslant\int_0^2 f(x)\mathrm{d}x\leqslant 3$.

**证** 应用拉格朗日中值定理：

当$x\in[0,1]$时，$\exists\xi_1\in(0,1)$，使得 $f(x)=f(0)+f'(\xi_1)x$.

当$x\in[1,2]$时，$\exists\xi_2\in(1,2)$，使得 $f(x)=f(2)+f'(\xi_2)(x-2)$.

因为 $|f'(x)|\leqslant 1$，$f(0)=f(2)=1$，所以，当$x\in[0,1]$时，有$1-x\leqslant f(x)\leqslant x+1$；当$x\in[1,2]$时，有 $x-1\leqslant f(x)\leqslant 3-x$. 于是有

$$\frac{1}{2} \leqslant \int_0^1 (1-x)\mathrm{d}x \leqslant \int_0^1 f(x)\mathrm{d}x \leqslant \int_0^1 (x+1)\mathrm{d}x = \frac{3}{2},$$

$$\frac{1}{2} \leqslant \int_1^2 (x-1)\mathrm{d}x \leqslant \int_1^2 f(x)\mathrm{d}x \leqslant \int_1^2 (3-x)\mathrm{d}x = \frac{3}{2},$$

从而有

$$1 \leqslant \int_0^2 f(x)\mathrm{d}x = \int_0^1 f(x)\mathrm{d}x + \int_1^2 f(x)\mathrm{d}x \leqslant 3.$$

### 3.2.3 柯西中值定理

**【要点】** 柯西中值定理：若 $F(x)$ 和 $G(x)$ 在 $[a,b]$ 上连续，在 $(a,b)$ 内可导，$G'(x) \neq 0$，则 $\exists \xi \in (a,b)$，使得

$$\frac{F(b)-F(a)}{G(b)-G(a)} = \frac{F'(\xi)}{G'(\xi)}.$$

适当选取函数 $F(x)$ 和 $G(x)$，可以得到新的中值公式.

**例 3-2-10** 设函数 $f(x)$ 在 $(a,b)$ 内可微，$a,b>0$，且 $f(a^+)$ 和 $f(b^-)$ 均存在，证明：$\exists \xi \in (a,b)$，使得

$$\frac{1}{b-a}\begin{vmatrix} a & b \\ f(a^+) & f(b^-) \end{vmatrix} = f(\xi) - \xi f'(\xi). \tag{3-2-10-1}$$

**证** 令 $f(a)=f(a^+)$，$f(b)=f(b^-)$，$G(x)=\dfrac{1}{x}$，则 $f(x)$ 和 $G(x)$ 在 $[a,b]$ 上连续，在 $(a,b)$ 内可导，对函数 $F(x)=\dfrac{f(x)}{x}$，$G(x)=\dfrac{1}{x}$ 在 $[a,b]$ 上应用柯西中值定理得

$$\frac{F(b)-F(a)}{G(b)-G(a)} = \frac{F'(\xi)}{G'(\xi)}, \tag{3-2-10-2}$$

即

$$\frac{af(b)-bf(a)}{a-b} = f(\xi) - \xi f'(\xi),$$

亦即

$$\frac{1}{b-a}\begin{vmatrix} a & b \\ f(a^+) & f(b^-) \end{vmatrix} = f(\xi) - \xi f'(\xi).$$

**例 3-2-11** 设 $f(x)$ 在 $[a,b]$ 上连续，在 $(a,b)$ 内可导，$0 \leqslant a < b$，$f(a) \neq f(b)$，证明：$\exists \xi \in (a,b)$，使得

$$f'(\xi) = \frac{a+b}{2\eta} f'(\eta). \tag{3-2-11-1}$$

**证** 式（3-2-11-1）等价于

$$\frac{f'(\xi)}{1}(b-a)=\frac{f'(\eta)}{2\eta}(b^2-a^2). \qquad (3\text{-}2\text{-}11\text{-}2)$$

为证式（3-2-11-2），只要取 $F(x)=f(x)$、$G(x)=x$ 和 $G(x)=x^2$，在 $[a,b]$ 上分别应用柯西中值定理，则

$$f(b)-f(a)=\frac{f'(\xi)}{1}(b-a)=\frac{f'(\eta)}{2\eta}(b^2-a^2),$$

式中，$\xi,\eta\in(a,b)$.

## 习题 3-2

**3-2-1**　已知 $f(x)$ 在 $[a,b]$ 上连续，且 $f(a)=f(b)=0$, $f'(a)\cdot f'(b)>0$，证明：$\exists\xi\in(a,b)$，使得 $f(\xi)=0$.

**3-2-2**　已知 $f(x)$ 在 $[0,1]$ 上连续，在 $(0,1)$ 内可导，且 $f(0)=f(1)=0$，证明：在 $(0,1)$ 内至少存在一点 $\xi$，使得 $f(\xi)+f'(\xi)=0$.

**3-2-3**　设 $a$、$b$ 和 $c$ 为三个实数，证明：方程 $\mathrm{e}^x=ax^2+bx+c$ 的根不超过三个.

**3-2-4**　设函数 $f(x)$ 在 $[a,+\infty)$ 上连续，且当 $x>a$ 时，$f'(x)>k>0$（$k$ 为常数），证明：当 $f(a)<0$ 时，方程 $f(x)=0$ 在区间 $\left(a,a-\dfrac{f(a)}{k}\right)$ 内有且只有一个根.

**3-2-5**　设函数 $f(x)$ 在 $[a,b]$ 上连续，在 $(a,b)$ 内可微，且 $f(a)<0$, $f(b)<0$，又有一点 $c\in(a,b)$, $f(c)>0$，证明：$\exists\xi\in(a,b)$ 使得 $f(\xi)+f'(\xi)=0$.

**3-2-6**　设函数 $f(x)$ 在 $[0,1]$ 上连续，在 $(0,1)$ 内可微，证明：$\exists\xi\in(0,1)$，使得 $f'(\xi)f(1-\xi)=f(\xi)f'(1-\xi)$.

**3-2-7**　设函数 $f(x)$ 在闭区间 $[a,b]$ 上连续，在开区间 $(a,b)$ 内二阶可微，并且 $f(a)=f(b)$，证明：若存在一点 $c\in(a,b)$，使得 $f(c)>f(a)$，则必存在三点 $\xi,\eta,\zeta\in(a,b)$，使得 $f'(\xi)>0$, $f'(\eta)<0$, $f'(\zeta)<0$.

**3-2-8**　设函数 $f(x)$ 在 $[a,b]$ 上有三阶导数，证明：$\exists\xi\in(a,b)$，使得

$$f(b)=f(a)+\frac{1}{2}(b-a)[f'(a)+f'(b)]-\frac{1}{12}(b-a)^3f'''(\xi).$$

**3-2-9**　设函数 $f(x)$ 在 $[0,1]$ 上有连续导函数，且 $f(0)=f(1)=0$，证明：

$$\int_0^1|f(x)|\mathrm{d}x\leqslant\frac{1}{4}\max_{x\in[0,1]}|f'(x)|.$$

**3-2-10**　设函数 $f(x)$ 在 $[1,2]$ 上连续，在 $(1,2)$ 内可微，证明：$\exists\xi\in(1,2)$，使得

$$f(2)-f(1)=\frac{1}{2}\xi^2f'(\xi).$$

**3-2-11**　设函数 $f(x)$ 在 $[a,b]$ 上连续，在 $(a,b)$ 内可微，$b>a>0$，证明：在 $(a,b)$ 内存在 $x_1$、$x_2$ 和 $x_3$ 使得

$$\frac{f'(x_1)}{2x_1}=(b^2+a^2)\frac{f'(x_2)}{4x_2^3}=\frac{\ln\dfrac{b}{a}}{b^2-a^2}x_3\cdot f'(x_3).$$

# 3.3 泰勒公式

本节主要讨论带拉格朗日余项与带 Peano 余项的泰勒公式在解题中的若干应用.

**【要点】**

（1）（泰勒公式）若 $f^{(n)}(x)$ 在 $[a,b]$ 上连续，$f^{(n+1)}(x)$ 在 $(a,b)$ 内存在，则 $\forall x,x_0\in[a,b]$，存在 $\xi$ 介于 $x$ 与 $x_0$ 之间，使得下式成立：

$$f(x)=f(x_0)+f'(x_0)(x-x_0)+\cdots+\frac{1}{n!}f^{(n)}(x_0)(x-x_0)^n+R_n(x) \tag{3.3-1}$$

式中，$R_n(x)=\dfrac{1}{(n+1)!}f^{(n+1)}(\xi)(x-x_0)^{n+1}$ 为拉格朗日余项.

若 $f(x)$ 在 $x_0$ 处有 $n$ 阶导数 $f^{(n)}(x_0)$，则在 $x_0$ 邻域内式（3.3-1）成立. 式中，$R_n(x)=o\left((x-x_0)^n\right)(x\to x_0)$ 为 Peano 余项.

（2）若把 $x_0$ 看成定点，$x$ 看成动点，则式（3.3-1）通过定点 $x_0$ 处的函数值 $f(x_0)$ 及导数值 $f'(x_0),\cdots,f^{(n)}(x_0)$ 来表达动点 $x$ 处的函数值 $f(x)$. 当问题涉及 2 阶以上的导数时，通常可考虑用泰勒公式求解. 这里的关键在于如何选取函数 $f$、点 $x_0$、展开的阶次 $n$，以及余项的形式. 根据需要，$x_0$ 一般应选在有特点的地方，例如，使 $f^{(i)}(x_0)=0$ 的地方等.

## 3.3.1 证明中值公式

**例 3-3-1** 设 $f(x)$ 在 $[a,b]$ 内三次可导，试证：$\exists c\in(a,b)$，使得

$$f(b)=f(a)+f'\left(\frac{a+b}{2}\right)(b-a)+\frac{1}{24}f'''(c)(b-a)^3. \tag{3-3-1-1}$$

**证** 方法 I ）（待定常数法）设 $k$ 为使下式成立的实数:

$$f(b)-f(a)-f'\left(\frac{a+b}{2}\right)(b-a)-\frac{1}{24}k(b-a)^3=0. \tag{3-3-1-2}$$

此时，问题归为证明：$\exists c\in(a,b)$，使得

$$k=f'''(c). \tag{3-3-1-3}$$

令

$$g(x)=f(x)-f(a)-f'\left(\frac{a+x}{2}\right)(x-a)-\frac{k}{24}(x-a)^3, \tag{3-3-1-4}$$

则根据罗尔定理，$\exists\xi\in(a,b)$，使得 $g'(\xi)=0$，由式（3-3-1-4）可得

$$f'(\xi)-f'\left(\frac{a+\xi}{2}\right)-f''\left(\frac{a+\xi}{2}\right)\frac{\xi-a}{2}-\frac{k}{8}(\xi-a)^2=0. \tag{3-3-1-5}$$

这是关于 $k$ 的方程，注意到 $f'(\xi)$ 在点 $\dfrac{a+\xi}{2}$ 处的泰勒公式如下:

$$f'(\xi)=f'\left(\frac{a+\xi}{2}\right)+f''\left(\frac{a+\xi}{2}\right)\frac{\xi-a}{2}+\frac{1}{2}f'''(c)\left(\frac{\xi-a}{2}\right)^2. \tag{3-3-1-6}$$

式中，$c\in(a,b)$. 比较式（3-3-1-5）和式（3-3-1-6）可得式（3-3-1-3）.

方法Ⅱ）应用泰勒公式，将 $f(a)$ 和 $f(b)$ 分别在点 $\frac{a+b}{2}$ 处展开，存在 $\eta_1\in\left(a,\frac{a+b}{2}\right)$，$\eta_2\in\left(\frac{a+b}{2},b\right)$ 使得

$$f(a)=f\left(\frac{a+b}{2}\right)+f'\left(\frac{a+b}{2}\right)\left(\frac{a-b}{2}\right)+\frac{1}{2}f''\left(\frac{a+b}{2}\right)\left(\frac{a-b}{2}\right)^2+\frac{1}{3!}f'''(\eta_1)\left(\frac{a-b}{2}\right)^3, \tag{3-3-1-7}$$

$$f(b)=f\left(\frac{a+b}{2}\right)+f'\left(\frac{a+b}{2}\right)\left(\frac{b-a}{2}\right)+\frac{1}{2}f''\left(\frac{a+b}{2}\right)\left(\frac{b-a}{2}\right)^2+\frac{1}{3!}f'''(\eta_2)\left(\frac{b-a}{2}\right)^3. \tag{3-3-1-8}$$

式（3-3-1-8）−式（3-3-1-7）得

$$f(b)=f(a)+f'\left(\frac{a+b}{2}\right)(b-a)+\frac{1}{48}(b-a)^3\left[f'''(\eta_1)+f'''(\eta_2)\right]. \tag{3-3-1-9}$$

最后由达布（Darboux）定理知，$\exists c\in[\eta_1,\eta_2]\subset(a,b)$，使得

$$\frac{f'''(\eta_1)+f'''(\eta_2)}{2}=f''(\xi),$$

代入式（3-3-1-9），得

$$f(b)=f(a)+f'\left(\frac{a+b}{2}\right)(b-a)+\frac{1}{24}f'''(c)(b-a)^3.$$

---

**例 3-3-2**　设函数 $f(x)$ 在 $[a,b]$ 内有二阶导数，试证：$\exists c\in(a,b)$，使得

$$\int_a^b f(x)\mathrm{d}x=(b-a)f\left(\frac{a+b}{2}\right)+\frac{1}{24}f''(c)(b-a)^3. \tag{3-3-2-1}$$

**证**　将函数

$$F(x)=\int_a^x f(t)\mathrm{d}t$$

在点 $x_0=\frac{a+b}{2}$ 处按泰勒公式展开，记

$$h=\frac{b-a}{2},$$

则

$$F(x_0+h)=F(x_0)+f(x_0)h+\frac{1}{2}f'(x_0)h^2+\frac{1}{6}f''(\xi)h^3,$$

$$F(x_0-h)=F(x_0)-f(x_0)h+\frac{1}{2}f'(x_0)h^2-\frac{1}{6}f''(\eta)h^3,$$

式中，$\xi,\eta\in(a,b)$. 于是有

$$\int_a^b f(x)\mathrm{d}x = F(x_0+h)-F(x_0-h) \\ =(b-a)f(x_0)+\frac{(b-a)^3}{48}\left(f''(\xi)+f''(\eta)\right). \tag{3-3-2-2}$$

由达布定理知，$\exists c\in(a,b)$，使得

$$f''(c)=\frac{f''(\xi)+f''(\eta)}{2},$$

代入式（3-3-2-2），得

$$\int_a^b f(x)\mathrm{d}x=(b-a)f\left(\frac{a+b}{2}\right)+\frac{1}{24}f''(c)(b-a)^3.$$

## 3.3.2 利用泰勒公式证明不等式

**例 3-3-3** 设函数 $f(x)$ 在 $[a,b]$ 内二次可微，$f''(x)<0$，试证：$\forall a\leqslant x_1<x_2<\cdots<x_n\leqslant b$，$k_i\geqslant 0$，$\sum_{i=1}^{n}k_i=1$，则有

$$f\left(\sum_{i=1}^{n}k_ix_i\right)>\sum_{i=1}^{n}k_if(x_i).$$

**证** 取 $x_0=\sum_{i=1}^{n}k_ix_i$，将 $f(x_i)$ 在 $x=x_0$ 处展开，得

$$f(x_i)=f(x_0)+f'(x_0)(x_i-x_0)+\frac{1}{2}f''(\xi_i)(x_i-x_0)^2 \\ <f(x_0)+f'(x_0)(x_i-x_0)\qquad (i=1,2,\cdots,n).$$

两边乘以 $k_i$，然后将 $n$ 个不等式相加，注意有

$$\sum_{i=1}^{n}k_i=1,$$

$$\sum_{i=1}^{n}k_i(x_i-x_0)=\sum_{i=1}^{n}k_ix_i-x_0=0,$$

得

$$\sum_{i=1}^{n}k_if(x_i)<f(x_0)=f\left(\sum_{i=1}^{n}k_ix_i\right).$$

**例 3-3-4** 若 $f(x)$ 在 $[a,b]$ 内有二阶导数，$f'(a)=f'(b)=0$，证明：$\exists\xi\in(a,b)$，使得

$$|f''(\xi)|\geqslant\frac{4}{(b-a)^2}|f(b)-f(a)|.$$

**证** 将 $f\left(\frac{a+b}{2}\right)$ 分别在 $a$ 和 $b$ 点处展开，注意有

$$f'(a)=f'(b)=0,$$

存在

$$\zeta \in \left(a, \frac{a+b}{2}\right), \quad \eta \in \left(\frac{a+b}{2}, b\right),$$

使得

$$f\left(\frac{a+b}{2}\right) = f(a) + \frac{1}{2} f''(\zeta)\left(\frac{b-a}{2}\right)^2, \tag{3-3-4-1}$$

$$f\left(\frac{a+b}{2}\right) = f(b) + \frac{1}{2} f''(\eta)\left(\frac{b-a}{2}\right)^2. \tag{3-3-4-2}$$

式（3-3-4-2）−式（3-3-4-1）得

$$f(b) - f(a) = -\frac{1}{8}\left[f''(\eta) - f''(\zeta)\right]\left(\frac{b-a}{2}\right)^2,$$

故

$$\begin{aligned} \frac{4}{(b-a)^2}\left|f(b) - f(a)\right| &\leqslant \frac{1}{2}\left[\left|f''(\zeta)\right| + \left|f''(\eta)\right|\right] \\ &\leqslant f''(\xi), \end{aligned}$$

式中，$\xi = \begin{cases} \zeta, & \left|f''(\zeta)\right| \geqslant \left|f''(\eta)\right| \\ \eta, & \left|f''(\zeta)\right| < \left|f''(\eta)\right| \end{cases}$.

---

**例 3-3-5**　设 $f(x)$ 在 $(0,+\infty)$ 内二阶可微，且

$$M_0 = \sup_{x\in(0,+\infty)} \left|f(x)\right|$$

和

$$M_2 = \sup_{x\in(0,+\infty)} \left|f''(x)\right|$$

均为有限数. 证明:

$$M_1 = \sup_{x\in(0,+\infty)} \left|f''(x)\right|$$

也是有限数，且满足 $M_1 \leqslant 2\sqrt{M_0 M_2}$.

**证**　由泰勒公式得

$$f(x+h) = f(x) + f'(x)h + \frac{f''(\xi)}{2}h^2,$$

式中，$x, h > 0$，$\xi \in (x, x+h)$.

由此得估计式

$$\begin{aligned} \left|f'(x)h\right| &\leqslant \left|f(x+h) - f(x) - \frac{f''(\xi)}{2}h^2\right| \\ &\leqslant 2M_0 + \frac{h^2}{2}M_2, \end{aligned}$$

两边除以 $h$ 得

$$\left|f'(x)\right| \leqslant \frac{2M_0}{h} + \frac{h}{2}M_2,$$

取上确界得

$$M_1 \leqslant \frac{2M_0}{h} + \frac{h}{2}M_2,$$

因此 $M_1$ 为有限数，令 $h = 2\sqrt{M_0 / M_2}$，则有

$$M_1 \leqslant 2\sqrt{M_0 M_2}.$$

### 3.3.3 中值点的极限

**例 3-3-6** 设

（1）$f(x)$ 在 $(x_0-\delta, x_0+\delta)$ 内是 $n$ 阶连续可微函数，此处 $\delta>0$；

（2）当 $k=2,3,\cdots,n-1$ 时，有 $f^{(k)}(x_0)=0$，但是 $f^{(n)}(x_0)\neq 0$；

（3）当 $0\neq|h|<\delta$ 时，有

$$\frac{f(x_0+h)-f(x_0)}{h} = f'\left(x_0+h\cdot\theta(h)\right), \tag{3-3-6-1}$$

式中，$0<\theta(h)<1$.

证明：

$$\lim_{h\to 0}\theta(h) = \sqrt[n-1]{\frac{1}{n}}.$$

**证** 我们要设法从式（3-3-6-1）中解出 $\theta(h)$，为此，将式（3-3-6-1）左边的 $f(x_0+h)$ 及右边的 $f'\left(x_0+h\cdot\theta(h)\right)$ 在 $x_0$ 处展开，由条件（2）知，$\exists\theta_1,\theta_2\in(0,1)$，使得

$$f(x_0+h) = f(x_0) + hf'(x_0) + \frac{h^n}{n!}f^{(n)}(x_0+\theta_1 h),$$

$$f'\left[x_0+h\theta(h)\right] = f'(x_0) + \frac{h^{n-1}\cdot\left[\theta(h)\right]^{n-1}}{(n-1)!}f^{(n)}\left[x_0+\theta_2 h\theta(h)\right].$$

于是式（3-3-6-1）变成

$$\begin{aligned} & f'(x_0) + \frac{h^{n-1}}{n!}f^{(n)}(x_0+\theta_1 h) \\ = {} & f'(x_0) + \frac{h^{n-1}\cdot\left[\theta(h)\right]^{n-1}}{(n-1)!}f^{(n)}\left[x_0+\theta_2 h\cdot\theta(h)\right]. \end{aligned}$$

从而有

$$\theta(h) = \sqrt[n-1]{\frac{f^{(n)}(x_0+\theta_1 h)}{n\cdot f^{(n)}\left[x_0+\theta_2 h\theta(h)\right]}}.$$

因为 $\theta_1,\theta_2,\theta(h)\in(0,1)$，利用 $f^{(n)}(x)$ 的连续性，可得

$$\lim_{h\to 0}\theta(h)=\sqrt[n-1]{\frac{1}{n}}.$$

## 习题 3-3

**3-3-1** 设 $f(x)$ 在 $[0,+\infty)$ 内具有连续二阶导数，又设 $f(0)>0$，$f'(0)<0$，$f''(x)<0\left(x\in[0,+\infty)\right)$，试证：在区间 $\left(0,-\dfrac{f(0)}{f'(0)}\right)$ 内至少有一个点 $\xi$，使 $f(\xi)=0$.

**3-3-2** 设 $f(x)$ 在 $[a,b]$ 内有二阶导数，证明：$\exists\xi\in(a,b)$，使得

$$f(a)-2f\left(\frac{a+b}{2}\right)+f(b)=\frac{1}{4}(b-a)^2 f''(\xi).$$

**3-3-3** 设 $f(x)$ 有二阶导数，且 $f(x)\leqslant\frac{1}{2}[f(x-h)+f(x+h)$，证明：$f''(x)\geqslant 0$.

**3-3-4** 设 $f(x)$ 在 $x_0$ 的邻域里存在 4 阶导数，且 $\left|f^{(4)}(x)\right|\leqslant M$，试证：对此邻域异于 $x_0$ 的任何 $x$ 均有

$$\left|f''(x_0)-\frac{f(x)-2f(x_0)+f(x')}{(x-x_0)^2}\right|\leqslant\frac{M}{12}(x-x_0)^2,$$

式中，$x'$ 与 $x$ 关于 $x_0$ 对称.

**3-3-5** 设函数 $f(x)$ 在 $[0,1]$ 内有二阶导数，且当 $0\leqslant x\leqslant 1$ 时，恒有 $|f(x)|\leqslant a$，$|f''(x)|\leqslant b$，证明：当 $0<x<1$ 时，$|f'(x)|\leqslant 2a+\frac{1}{2}b$.

**3-3-6** 设 $f(x)$ 在 $[0,1]$ 内有连续导函数，且 $\int_0^1 f(x)\mathrm{d}x=0$，证明：

$$\max_{x\in[0,1]}|f(x)|\leqslant\frac{1}{2}\max_{x\in[0,1]}|f'(x)|.$$

**3-3-7** 设 $f(x)$ 在 $[0,1]$ 内二次可微，

$$|f''(x)|\leqslant M\qquad(0\leqslant x\leqslant 1,\ M>0),$$

$$f(0)=f(1)=f\left(\frac{1}{2}\right)=0,$$

证明：$|f'(x)|<\dfrac{M}{2}(0\leqslant x\leqslant 1)$.

**3-3-8** 设

$$f(x+h)=f(x)+hf'(x)+\cdots+\frac{h^n}{n!}f^{(n)}(x+\theta h),$$

式中，$0<\theta<1$，且 $f^{(n+1)}(x)\neq 0$，证明：

$$\lim_{h\to 0}\theta=\frac{1}{n+1}.$$

# 3.4 不等式

## 3.4.1 利用单调性证明不等式

【要点】 若 $f'(x) \geqslant 0$（或 $f'(x) > 0$），则当 $x_1 < x_2$ 时，有 $f(x_1) \leqslant f(x_2)$（或 $f(x_1) < f(x_2)$），由此可获得不等式.

**例 3-4-1** 证明：

$$\frac{|a+b|}{1+|a+b|} \leqslant \frac{|a|}{1+|a|} + \frac{|b|}{1+|b|}.$$

**证** 记

$$f(x) = \frac{x}{1+x},$$

则 $f'(x) = \frac{1}{(1+x)^2} > 0 \Rightarrow f(x) = \frac{x}{1+x}$ 单调递增.

由 $|a+b| \leqslant |a| + |b|$ 知

$$\frac{|a+b|}{1+|a+b|} \leqslant \frac{|a|+|b|}{1+|a|+|b|} = \frac{|a|}{1+|a|+|b|} + \frac{|b|}{1+|a|+|b|} \leqslant \frac{|a|}{1+|a|} + \frac{|b|}{1+|b|}.$$

**例 3-4-2** 证明：当 $0 < x < 1$ 时，有 $x - \frac{1}{x} < 2\ln x$.

**证** 设 $f(x) = x - \frac{1}{x} - 2\ln x < 0$，则当 $0 < x < 1$ 时，有

$$f'(x) = 1 + \frac{1}{x^2} - \frac{2}{x} = \frac{(x-1)^2}{x^2} \geqslant 0.$$

注意到 $f(1) = 0$，故当 $0 < x < 1$ 时，$f(x) < 0$.

## 3.4.2 利用微分中值定理证明不等式

【要点】 若 $f(x)$ 在 $[a,b]$ 上连续，在 $(a,b)$ 内可导，则有 $\frac{f(b)-f(a)}{b-a} = f'(\xi)$，式中，$a < \xi < b$. 因此，若 $f'$ 单调递增，有

$$f'(a) \leqslant \frac{f(b)-f(a)}{b-a} \leqslant f'(b).$$

**例 3-4-3** 证明：当 $x > -1$，$x \neq 0$ 时，不等式 $\frac{x}{1+x} < \ln(1+x) < x$ 成立.

**证** 设 $f(x) = \ln(1+x)$，应用拉格朗日中值定理得

$$\ln(1+x)=f(x)-f(0)=\frac{x}{1+\theta x}\qquad(0<\theta<1),$$

对 $-1<x<0$ 和 $x>0$ 分别讨论，可得

$$\frac{x}{1+x}<\ln(1+x)=\frac{x}{1+\theta x}<x.$$

### 3.4.3　利用泰勒公式证明不等式

【要点】　若 $f(x)$ 在 $[a,b]$ 内有连续 $n$ 阶导数且 $f(a)=f'(a)=\cdots=f^{(n-1)}(a)=0$, $f^{(n)}(x)>0$(当$x\in(a,b)$时),则

$$f(x)=\frac{f^{(n)}(\xi)}{n!}(x-a)^n>0\qquad(x\in(a,b]).$$

利用此原理，可以证明一些不等式.

**例 3-4-4**　求证: $\dfrac{\tan x}{x}>\dfrac{x}{\sin x}$，$\forall x\in\left(0,\dfrac{\pi}{2}\right)$.

**证**　设 $f(x)=\sin x\cdot\tan x-x^2$，因为 $f(0)=f'(0)=f''(0)=0$，以及

$$f'''(x)=\sin x\left(5\sec^2 x-1\right)+6\sin^3 x\sec^4 x>0,$$

所以 $\forall x\in\left(0,\dfrac{\pi}{2}\right)$，有 $f(x)>0$，即

$$\frac{\tan x}{x}>\frac{x}{\sin x}.$$

### 3.4.4　利用求极值的方法证明不等式

【要点】　要证明 $f(x)\geqslant g(x)$，只需要求函数 $F(x)=f(x)-g(x)$ 的极值，证明 $\min F(x)\geqslant 0$ 即可.

这是证明不等式的基本方法.

**例 3-4-5**　设 $a>\ln 2-1$ 为任意常数，试证：当 $x>0$ 时，$x^2-2ax+1<\mathrm{e}^x$.

**证**　问题是证明:

$$f(x)=\mathrm{e}^x-x^2+2ax-1>0\qquad(x>0).$$

因为 $f(0)=0$，所以只要证明:

$$f'(x)=\mathrm{e}^x-2x+2a>0\qquad(x>0)$$

或

$$\min_{x>0}f'(x)>0.$$

令 $f''(x)=\mathrm{e}^x-2=0$，得唯一稳定点 $x=\ln 2$.

当 $x<\ln 2$ 时，$f''(x)<0$；当 $x>\ln 2$ 时，$f''(x)>0$.

因此有

$$\min_{x>0} f'(x)=f'(\ln 2)=2-2\ln 2+2a=2\times(1-\ln 2)+2a>0.$$

## 习题 3-4

**3-4-1** 设 $b>a>\mathrm{e}$，证明：

$$a^b>b^a.$$

**3-4-2** 设 $0<b\leqslant a$，证明：

$$\frac{a-b}{a}\leqslant \ln\frac{a}{b}\leqslant\frac{a-b}{b}.$$

**3-4-3** 设 $f(x)$ 定义在 $[0,c]$ 上，$f'(x)$ 存在且单调下降，$f(0)=0$，用拉格朗日中值定理证明：对 $0\leqslant a\leqslant b\leqslant a+b\leqslant c$，恒有

$$f(a+b)\leqslant f(a)+f(b).$$

**3-4-4** 已知 $x<0$，证明：

$$\frac{1}{x}+\frac{1}{\ln(1-x)}<1.$$

**3-4-5** 设 $g(x)$ 在 $[a,b]$ 上连续，在 $(a,b)$ 内二阶可导，且 $|g''(x)|\geqslant m>0$（$m$ 为常数），又 $g(a)=g(b)=0$，证明：

$$\max_{a\leqslant x\leqslant b}|g(x)|\geqslant\frac{m}{8}(b-a)^2.$$

**3-4-6** 证明：

$$\left(\frac{\sin x}{x}\right)^3\geqslant\cos x\qquad\left(0<|x|<\frac{\pi}{2}\right).$$

# 第 4 章

# 一元函数积分学

本章讨论的内容包含积分与极限、可积性和积分不等式.

# 4.1 积分与极限

## 4.1.1 利用积分求极限

**【要点】** 定积分是积分和的极限，因此求某个表达式的极限，若能将表达式写成某可积函数的积分和，则极限等于此函数的积分，有时需要对所求极限进行转换. 此类问题在前面已经讨论过，此处再给出两个实例.

**例 4-1-1** 求 $\lim\limits_{n\to\infty}\dfrac{\sqrt[n]{n!}}{n}$.

**解** 由于

$$\begin{aligned}\lim_{n\to\infty}\ln\frac{\sqrt[n]{n!}}{n}&=\lim_{n\to\infty}\frac{1}{n}\left[\sum_{i=1}^{n}\ln i-n\ln n\right]\\&=\lim_{n\to\infty}\frac{1}{n}\sum_{i=1}^{n}\ln\frac{i}{n}\\&=\int_0^1\ln x\mathrm{d}x=-1,\end{aligned}$$

故

$$\lim_{n\to\infty}\frac{\sqrt[n]{n!}}{n}=\mathrm{e}^{-1}.$$

**例 4-1-2** 求 $\lim\limits_{n\to\infty}\dfrac{\sum\limits_{k=1}^{n}\sqrt{(nx+k)(nx+k+1)}}{n^2}\quad(x>0)$.

**解** 由于

$$\begin{aligned}0&\leqslant\sqrt{\left(x+\frac{k}{n}\right)\left(x+\frac{k+1}{n}\right)}-\left(x+\frac{k}{n}\right)\\&=\frac{\left(x+\frac{k}{n}\right)\left(x+\frac{k+1}{n}\right)-\left(x+\frac{k}{n}\right)^2}{\sqrt{\left(x+\frac{k}{n}\right)\left(x+\frac{k+1}{n}\right)}+\left(x+\frac{k}{n}\right)}\\&\leqslant\frac{1}{2x}\left(x+\frac{k}{n}\right)\frac{1}{n}.\end{aligned}$$

故

$$\begin{aligned}0&\leqslant\frac{\sum\limits_{k=1}^{n}\sqrt{(nx+k)(nx+k+1)}}{n^2}-\sum_{k=1}^{n}\frac{1}{n}\left(x+\frac{k}{n}\right)\\&\leqslant\frac{1}{2xn^2}\sum_{k=1}^{n}\left(x+\frac{k}{n}\right)\\&=\frac{1}{2n}+\frac{1}{4x}\left(1+\frac{1}{n}\right)\frac{1}{n}\to0\qquad(n\to\infty).\end{aligned}$$

于是

$$\lim_{n\to\infty}\frac{\sum_{k=1}^{n}\sqrt{(nx+k)(nx+k+1)}}{n^2}=\lim_{n\to\infty}\sum_{k=1}^{n}\frac{1}{n}\left(x+\frac{k}{n}\right)$$
$$=\int_0^1(x+t)\,\mathrm{d}t=x+\frac{1}{2}.$$

## 4.1.2　积分极限

**【要点】**　当极限表达式里含有定积分时，我们把这种极限称为积分极限. 对这种极限，通常需要利用积分的性质进行处理，有时也可转化为某函数积分和的极限，从而转化为新的定积分.

**例 4-1-3**　求 $\lim\limits_{n\to\infty}\int_0^{\frac{\pi}{2}}\sin^n x\,\mathrm{d}x$.

**解**　$\forall\varepsilon>0\left(\text{不妨设}0<\varepsilon<\frac{\pi}{2}\right)$，有

$$0\leqslant\int_0^{\frac{\pi}{2}}\sin^n x\mathrm{d}x=\int_0^{\frac{\pi}{2}-\frac{\varepsilon}{2}}\sin^n x\mathrm{d}x+\int_{\frac{\pi}{2}-\frac{\varepsilon}{2}}^{\frac{\pi}{2}}\sin^n x\mathrm{d}x$$
$$\leqslant\int_0^{\frac{\pi}{2}-\frac{\varepsilon}{2}}\sin^n\left(\frac{\pi}{2}-\frac{\varepsilon}{2}\right)\mathrm{d}x+\int_{\frac{\pi}{2}-\frac{\varepsilon}{2}}^{\frac{\pi}{2}}1\mathrm{d}x$$
$$\leqslant\left(\frac{\pi}{2}-\frac{\varepsilon}{2}\right)\sin^n\left(\frac{\pi}{2}-\frac{\varepsilon}{2}\right)+\frac{\varepsilon}{2}.$$

因为 $0<\sin\left(\frac{\pi}{2}-\frac{\varepsilon}{2}\right)<1$，所以

$$\left(\frac{\pi}{2}-\frac{\varepsilon}{2}\right)\sin^n\left(\frac{\pi}{2}-\frac{\varepsilon}{2}\right)\to 0\qquad(n\to\infty).$$

故 $\exists N>0$，当 $n>N$ 时，有

$$\left(\frac{\pi}{2}-\frac{\varepsilon}{2}\right)\sin^n\left(\frac{\pi}{2}-\frac{\varepsilon}{2}\right)<\frac{\varepsilon}{2},$$

从而有

$$0\leqslant\int_0^{\frac{\pi}{2}}\sin^n x\mathrm{d}x<\frac{\varepsilon}{2}+\frac{\varepsilon}{2}=\varepsilon,$$

故

$$\lim_{n\to\infty}\int_0^{\frac{\pi}{2}}\sin^n x\mathrm{d}x=0.$$

**注：** 本例题非常典型，将积分分为两个部分，一部分区间长度任意小，被积函数有界；另一部分被积函数一致趋于 0，区间长度有限. 因而两部分都可以任意小，整个积分趋于 0.

**思考：** 以下解法是否正确？

由积分中值定理得

$$\int_0^{\frac{\pi}{2}}\sin^n x\mathrm{d}x=\frac{\pi}{2}\sin^n\xi .$$

又由于 $0<\sin\xi<1$，所以

$$\lim_{n\to\infty}\int_0^{\frac{\pi}{2}}\sin^n x\mathrm{d}x=0 .$$

---

**例 4-1-4** 设 $f(x)$ 在 $[0,1]$ 上连续，试证：

$$\lim_{n\to\infty}\int_0^1\frac{n}{n^2x^2+1}f(x)\mathrm{d}x=\frac{\pi}{2}f(0).$$

**证**

$$\begin{aligned}\int_0^1\frac{n}{n^2x^2+1}f(x)\mathrm{d}x&=\int_0^{n^{-\frac{1}{3}}}\frac{n}{n^2x^2+1}f(x)\mathrm{d}x+\int_{n^{-\frac{1}{3}}}^1\frac{n}{n^2x^2+1}f(x)\mathrm{d}x\\&=I_1+I_2 .\end{aligned}$$

由于 $\frac{n}{n^2x^2+1}$ 在 $\left[0,n^{-\frac{1}{3}}\right]$ 内不变号，利用积分第一中值定理知存在 $\xi_n\in\left(0,n^{-\frac{1}{3}}\right)$，使得

$$\begin{aligned}I_1&=\int_0^{n^{-\frac{1}{3}}}\frac{n}{n^2x^2+1}f(x)\mathrm{d}x\\&=f(\xi)\int_0^{n^{-\frac{1}{3}}}\frac{n}{n^2x^2+1}\mathrm{d}x\\&=f(\xi)\arctan nx\Big|_0^{n^{-\frac{1}{3}}}=f(\xi_n)\arctan n^{\frac{2}{3}}.\end{aligned}$$

又 $\xi_n\to0(n\to\infty)$，$\arctan n^{\frac{2}{3}}\to\frac{\pi}{2}(n\to\infty)$ 以及 $f(x)$ 在 $[0,1]$ 上连续，故

$$I_1\to\frac{\pi}{2}f(0)\qquad(n\to\infty).$$

由于 $f(x)$ 在 $[0,1]$ 上连续，所以存在 $M>0$，使得 $\forall x\in[0,1]$，有 $|f(x)|\leqslant M$，于是有

$$\begin{aligned}|I_2|&=\left|\int_{n^{-\frac{1}{3}}}^1\frac{n}{n^2x^2+1}f(x)\mathrm{d}x\right|\\&\leqslant M\frac{n}{n^{2-\frac{1}{3}}+1}\to0n\to\infty .\end{aligned}$$

综上

$$\lim_{n\to\infty}\int_0^1\frac{n}{n^2x^2+1}f(x)\mathrm{d}x=\frac{\pi}{2}f(0).$$

---

**例 4-1-5** 设 $f(x)$ 和 $g(x)$ 在 $[a,b]$ 上连续，且 $f(x)\geqslant0$，$g(x)>0$. 求证：

$$\lim_{n\to\infty}\left\{\int_a^b[f(x)]^n g(x)\mathrm{d}x\right\}^{\frac{1}{n}}=\max_{a\leqslant x\leqslant b}f(x).$$

**解** 因为 $f(x)$ 在 $[a,b]$ 上连续，所以在 $[a,b]$ 上有最大值，即存在 $x_0\in[a,b]$，使得

$$f(x_0)=\max_{a\leqslant x\leqslant b}f(x)\overset{\text{记}}{=}M,$$

于是有

$$\left\{\int_a^b\left[f(x)\right]^n g(x)\mathrm{d}x\right\}^{\frac{1}{n}}\leqslant\left[\int_a^b(M)^n g(x)\mathrm{d}x\right]^{\frac{1}{n}}$$

$$=M\left[\int_a^b g(x)\mathrm{d}x\right]^{\frac{1}{n}}\to M\qquad(n\to\infty).$$

另外，由于 $f(x)$ 在 $x_0$ 处连续，$\forall\varepsilon>0$，$\exists[\alpha,\beta]\subset[a,b]$，使得

$$f(x)>M-\varepsilon\qquad(\text{当}x\in[\alpha,\beta]\text{时}),$$

故

$$\left\{\int_a^b\left[f(x)\right]^n g(x)\mathrm{d}x\right\}^{\frac{1}{n}}\geqslant\left\{\int_\alpha^\beta\left[f(x)\right]^n g(x)\mathrm{d}x\right\}^{\frac{1}{n}}$$

$$\geqslant M-\varepsilon\left[\int_\alpha^\beta g(x)\mathrm{d}x\right]^{\frac{1}{n}}\to(M-\varepsilon)\qquad(n\to\infty).$$

由 $\varepsilon>0$ 的任意性知

$$\lim_{n\to\infty}\left\{\int_a^b\left[f(x)\right]^n g(x)\mathrm{d}x\right\}^{\frac{1}{n}}=M=\max_{a\leqslant x\leqslant b}f(x).$$

---

**例 4-1-6**　设 $f(x)$ 在 $[a,b]$ 上可导，$f'(x)$ 在 $[a,b]$ 上可积，$\forall n\in\mathbf{N}$，记

$$A_n=\sum_{i=1}^n f\left(a+i\frac{b-a}{n}\right)\frac{b-a}{n}-\int_a^b f(x)\mathrm{d}x,$$

试证:

$$\lim_{n\to\infty}nA_n=\frac{b-a}{2}\left[f(b)-f(a)\right].$$

**解**　令 $x_i=a+i\dfrac{b-a}{n}$，则

$$\begin{aligned}
nA_n&=n\left[\sum_{i=1}^n f(x_i)\frac{b-a}{n}-\sum_{i=1}^n\int_{x_{i-1}}^{x_i}f(x)\mathrm{d}x\right]\\
&=\sum_{i=1}^n\int_{x_{i-1}}^{x_i}\big(f(x_i)-f(x)\big)\mathrm{d}x\\
&=n\sum_{i=1}^n\int_{x_{i-1}}^{x_i}f'(\eta_i)(x_i-x)\mathrm{d}x\qquad\big(\eta_i\in(x_{i-1},x_i)\big)\\
&=n\sum_{i=1}^n f'(\xi_i)\int_{x_{i-1}}^{x_i}(x_i-x)\mathrm{d}x\qquad\big(\xi_i\in[x_{i-1},x_i]\big)\\
&=\frac{n}{2}\sum_{i=1}^n f'(\xi_i)(x_i-x_{i-1})^2\\
&=\frac{n}{2}\frac{b-a}{n}\sum_{i=1}^n f'(\xi_i)(x_i-x_{i-1})
\end{aligned}$$

$$\Rightarrow \frac{b-a}{2}\int_a^b f'(x)\mathrm{d}x = \frac{b-a}{2}\big(f(b)-f(a)\big) \quad (\text{当} n\to\infty \text{时}).$$

## 习题 4-1

**4-1-1** 设 $f(x)$ 在 $[0,1]$ 上连续，且 $f(x)>0$，求

$$\lim_{n\to\infty}\sqrt[n]{f\left(\frac{1}{n}\right)f\left(\frac{2}{n}\right)\cdots f\left(\frac{n-1}{n}\right)f\left(\frac{n}{n}\right)}.$$

**4-1-2** 试证：

$$\lim_{n\to\infty}\int_\alpha^{\frac{\pi}{2}}(1-\sin x)^n\mathrm{d}x = 0,$$

式中，$\alpha\in(0,1)$.

**4-1-3** 设 $f(x)$ 在 $[0,2\pi]$ 上单调，试证：

$$\lim_{n\to\infty}\int_0^{2\pi} f(x)\sin nx\mathrm{d}x = 0.$$

**4-1-4** 设 $f(x)$ 在 $[0,1]$ 上连续，试证：

$$\lim_{h\to 0^+}\int_0^1 \frac{h}{h^2+x^2}f(x)\mathrm{d}x = \frac{\pi}{2}f(0).$$

**4-1-5** 设 $f(x)$ 在 $[a,b]$ 上连续，且 $f(x)\geqslant 0$，试证：

$$\lim_{n\to\infty}\left\{\int_a^b[f(x)]^n\mathrm{d}x\right\}^{\frac{1}{n}} = \max_{a\leqslant x\leqslant b} f(x).$$

**4-1-6** 设 $f(x)$ 在 $[0,1]$ 上可微，而且对任何 $x\in(0,1)$，有 $|f'(x)|\leqslant M$，求证：对任何正整数 $n$，有

$$\left|\int_0^1 f(x)\mathrm{d}x - \frac{1}{n}\sum_{i=1}^n f\left(\frac{i}{n}\right)\right| \leqslant \frac{M}{n},$$

式中，$M$ 是一个与 $x$ 无关的数.

**4-1-7** 设 $f(x)$ 在 $[a,b]$ 上二次可微，且 $f''(x)$ 在 $[a,b]$ 上可积，记

$$B_n = \int_a^b f(x)\mathrm{d}x - \frac{b-a}{n}\sum_{i=1}^n f\left[a+(2i-1)\frac{b-a}{2n}\right],$$

试证：

$$\lim_{n\to\infty} n^2 B_n = \frac{(b-a)^2}{24}\left[f'(b)-f'(a)\right].$$

## 4.2 定积分的可积性

本节主要讨论如何证明一个函数在给定区间上是否可积. 首先回顾一下与可积性相关的几个概念和定理.

**定义 4.2.1** 设函数 $f(x)$ 在 $[a,b]$ 内有定义，若对 $[a,b]$ 的任意分割

$$T: a=x_0<x_1<\cdots<x_n=b,$$

以及任意 $\xi_i\in[x_{i-1},x_i]\,(i=1,2,\cdots,n)$ 作积分和 $\sum\limits_{i=1}^{n}f(\xi_i)\Delta x_i$，当 $\lambda=\max\limits_{1\leqslant i\leqslant n}\Delta x_i\to 0$ 时，存在极限

$$I=\lim_{\lambda\to 0}\sum_{i=1}^{n}f(\xi_i)\Delta x_i, \tag{4.2-1}$$

则称 $f(x)$ 在 $[a,b]$ 上可积. 用 $\varepsilon$-$\delta$ 语言，式（4.2-1）又可表述如下：$\forall\varepsilon>0$，$\exists\delta>0$，当 $\lambda<\delta$ 时，有

$$\left|I-\sum_{i=1}^{n}f(\xi_i)\Delta x_i\right|<\varepsilon. \tag{4.2-2}$$

直接利用定义判断可积性，面临两个困难：一是分割 $T$ 的任意性，二是 $\xi_i\in[x_{i-1},x_i]$ 选取的任意性. 为了使问题简化，引入 Darboux（达布）和的概念。

**定义 4.2.2** 记 $m_i=\inf\limits_{x_{i-1}\leqslant x\leqslant x_i}f(x)$，$M_i=\sup\limits_{x_{i-1}\leqslant x\leqslant x_i}f(x)$，称 $\overline{S}=\overline{S}(T)=\sum\limits_{i=1}^{n}M_i\Delta x_i$ 与 $\underline{S}=\underline{S}(T)=\sum\limits_{i=1}^{n}m_i\Delta x_i$ 分别为 $f$ 的 Darboux 上和与 Darboux 下和.

Darboux 和有如下重要性质.

（1）对任意分割 $T$ 及 $\xi_i$ 的任意选取，有

$$\underline{S}(T)\leqslant\sum_{i=1}^{n}f(\xi_i)\Delta x_i\leqslant\overline{S}(T).$$

（2）当分割加细（增加分点）时，Darboux 下和不会减小，Darboux 上和不会增大，即 $\underline{S}(T)$ 单调增加，$\overline{S}(T)$ 单调减少（当分割加细时）.

（3）对任意两个分割 $T$ 与 $T'$，有

$$\underline{S}(T)\leqslant\overline{S}(T).$$

（4）$I^{\circ}=\inf\limits_{T}\overline{S}(T)$ 称为 $f(x)$ 在 $[a,b]$ 上的上积分，$I_{\circ}=\sup\limits_{T}\underline{S}(T)$ 称为 $f(x)$ 在 $[a,b]$ 上的下积分，上、下积分与 Darboux 和有以下关系：

$$\underline{S}(T)\leqslant I_{\circ}\leqslant I^{\circ}\leqslant\overline{S}(T).$$

（5）$\lim\limits_{\lambda\to 0}\underline{S}(T)=I_{\circ}$，$\lim\limits_{\lambda\to 0}\overline{S}(T)=I^{\circ}$.

**定理 4.2.1** $f(x)$ 在 $[a,b]$ 上可积的充要条件是

$$\lim_{\lambda\to 0}\sum_{i=1}^{n}\omega_i\Delta x_i=0, \tag{4.2-3}$$

式中，$\omega_i=M_i-m_i$ 为 $f(x)$ 在 $[x_{i-1},x_i]$ 上的振幅. 用 $\varepsilon$-$\delta$ 语言，式（4.2-3）又可表述如下：

$\forall\varepsilon>0$，$\exists\delta>0$，当$\lambda<\delta$时，有

$$0\leqslant\sum_{i=1}^{n}\omega_i\Delta x_i<\varepsilon.$$

**定理 4.2.2** $f(x)$在$[a,b]$上可积的充要条件是$I_{\circ}=I^{\circ}$.

## 4.2.1 利用定义证明可积性

**【要点】**（1）直接应用式（4.2-2）找$\delta$；（2）在不同的分割下或当点集$\{\xi_i\}$取法不同时，如果积分和的极限取不同的值，则断言函数不可积.

**例 4-2-1** 设$f(x)$和$F(x)$在$[a,b]$上连续，且当$a<x<b$时，$F'(x)=f(x)$. 试用定义证明$f(x)$在$[a,b]$上可积，且

$$\int_a^b f(x)\mathrm{d}x=F(b)-F(a).$$

**证** $\forall\varepsilon>0$，若要式（4.2-2）成立，则

$$\left|\sum_{i=1}^{n}f(\xi_i)\Delta x_i-\left[F(b)-F(a)\right]\right|<\varepsilon. \qquad (4\text{-}2\text{-}1\text{-}1)$$

对任意分割$T:a=x_0<x_1<\cdots<x_n=b$，将$F(b)-F(a)$改写为

$$\begin{aligned}F(b)-F(a)&=\sum_{i=1}^{n}\left[F(x_i)-F(x_{i-1})\right]\\&=\sum_{i=1}^{n}F'(\eta_i)(x_i-x_{i-1})\\&=\sum_{i=1}^{n}f(\eta_i)\Delta x_i\quad(\eta_i\in[x_{i-1},x_i]),\end{aligned}$$

于是

$$\begin{aligned}\text{式（4-2-1-1）左端}&=\left|\sum_{i=1}^{n}\left[f(\xi_i)-f(\eta_i)\right]\Delta x_i\right|\\&\leqslant\sum_{i=1}^{n}\left|f(\xi_i)-f(\eta_i)\right|\Delta x_i\qquad(\xi_i,\eta_i\in[x_{i-1},x_i]).\end{aligned}$$

因此，只需要

$$\sum_{i=1}^{n}\left|f(\xi_i)-f(\eta_i)\right|\Delta x_i<\varepsilon.$$

但由于$f$在$[a,b]$上连续，从而一致连续. $\forall\varepsilon>0$，$\exists\delta>0$，当$x',x''\in[a,b]$，$|x'-x''|<\delta$时，有

$$\left|f(x'')-f(x')\right|<\frac{\varepsilon}{b-a}.$$

因此，当$\lambda<\delta$时，有$|\xi-\eta_i|\leqslant\Delta x_i\leqslant\lambda<\delta$，故

$$\sum_{i=1}^{n}\left|f(\xi_i)-f(\eta_i)\right|\Delta x_i \leqslant \sum_{i=1}^{n}\frac{\varepsilon}{b-a}\Delta x_i = \frac{\varepsilon}{b-a}\sum_{i=1}^{n}\Delta x_i=\varepsilon .$$

---

**例 4-2-2**　证明：狄利克雷函数

$$D(x)=\begin{cases}1, & x\text{为有理数}\\0, & x\text{为无理数}\end{cases}$$

在 $[0,1]$ 上不可积.

**证**　对 $[0,1]$ 上的任意分割 $T$，由有理数和无理数在实数中的稠密性，在属于分割 $T$ 的任意小区间 $\Delta_i$ 上，当取 $\xi_i$ 全为有理数时，$\sum\limits_{i=1}^{n}D(\xi_i)\Delta x_i=\sum\limits_{i=1}^{n}\Delta x_i=1$；当取 $\xi_i$ 全为无理数时，$\sum\limits_{i=1}^{n}D(\xi_i)\Delta x_i=0$. 所以无论 $\lambda=\max\limits_{1\leqslant i\leqslant n}\Delta x_i$ 多么小，只要点集 $\{\xi_i\}$ 取法不同（全取有理数或全取无理数），积分和 $\sum\limits_{i=1}^{n}D(\xi_i)\Delta x_i$ 的极限就会有不同的值，所以 $D(x)$ 在 $[0,1]$ 上不可积.

---

## 4.2.2　利用定理证明可积性

### 1. 用定理 4.2.2 证明可积性

**【要点】**　要证明 $f(x)$ 在 $[a,b]$ 上可积，按照定理 4.2.2，只要证明 $f(x)$ 的上、下积分相等，即 $I_{\circ}=I^{\circ}$.

---

**例 4-2-3（定理 4.2.1′）**　$f(x)$ 在 $[a,b]$ 上可积的充要条件：$\forall\varepsilon>0$，存在分割 $T$，使得

$$\sum\omega_i\Delta x_i<\varepsilon .$$

**证**　根据定理 4.2.1，必要性明显，只要证明充分性即可. 已知 $\forall\varepsilon>0$，存在分割 $T$，使得

$$0<\overline{S}(T)-\underline{S}(T)=\sum\omega_i\Delta x_i<\varepsilon .$$

由 Darboux 和的性质（4）知

$$\underline{S}(T)\leqslant I_{\circ}\leqslant I^{\circ}\leqslant\overline{S}(T),$$

故 $0\leqslant I^{\circ}-I_{\circ}\leqslant\overline{S}(T)-\underline{S}(T)<\varepsilon$，由 $\varepsilon>0$ 的任意性知，$I_{\circ}=I^{\circ}$，从而 $f(x)$ 在 $[a,b]$ 上可积.

---

### 2. 利用定理 4.2.1 和定理 4.2.1′ 证明可积性

**【要点】**　利用定理 4.2.1 和定理 4.2.1′ 证明可积性，关键在于证明当 $\lambda$ 充分小时，$\sum\omega_i\Delta x_i$ 能小于任意事先指定的正数 $\varepsilon$，即 $\sum\omega_i\Delta x_i<\varepsilon$.

方法 I：若 $\sum\omega_i$ 有界，可以利用 $\sum\omega_i\Delta x_i\leqslant\lambda\sum\omega_i$，例如，单调函数的可积性.

方法 II：证明 $\omega_i < \varepsilon(i=1,2,\cdots,n)$，从而 $\sum\omega_i\Delta x_i < \varepsilon\sum\Delta x_i < \varepsilon(b-a)$，例如，连续函数的可积性.

方法 III：利用

$$\sum\omega_i\Delta x_i = \sum 1\omega_i\Delta x_i + \sum 2\omega_i\Delta x_i,$$

式中，$\sum 1$ 表示含 $x_1,x_2,\cdots,x_k$ 的各小区间对应项之和，$\sum 2$ 是其余各项之和.

在 $\sum 1$ 中，

$$\omega_i < \frac{\varepsilon}{b-a};$$

在 $\sum 2$ 中，

$$\sum 2\Delta x_i < \frac{\varepsilon}{\Omega},$$

式中，$\Omega = \sup\limits_{x\in[a,b]} f(x) - \inf\limits_{x\in[a,b]} f(x)$ 是 $f$ 的全振幅.

方法 IV：利用 $\omega_i^f \leqslant \omega_i^g$，式中，$\omega_i^f$ 与 $\omega_i^g$ 分别表示 $f$ 与 $g$ 在第 $i$ 个小区间上的振幅，从 $g$ 的可积性推出 $f$ 的可积性，例如，$f(x)$ 在 $[a,b]$ 上可积，利用此方法可证 $|f(x)|$ 在 $[a,b]$ 上也可积.

---

**例 4-2-4**　利用定理 4.2.1 证明狄利克雷函数

$$D(x)=\begin{cases}1, & x\text{为有理数}\\ 0, & x\text{为无理数}\end{cases}$$

在任意区间 $[a,b]$ 上不可积.

**证**　在任意区间 $[a,b]$ 的任何子区间上均有 $\omega_i = 1$，所以

$$\lim_{\lambda\to 0}\sum_{i=1}^{n}\omega_i\Delta x_i = b-a \neq 0.$$

因此 $D(x)$ 在区间 $[a,b]$ 上不可积.

---

**例 4-2-5**　设 $f(x)$ 在 $[a,b]$ 内的每个点处的极限存在并皆为 0. 试证：$f(x)$ 在 $[a,b]$ 上可积，且 $\int_a^b f(x)\mathrm{d}x = 0$.

**证**　设 $x_0\in[a,b]$ 为任意一点，由于

$$\lim_{x\to x_0} f(x) = 0,$$

故 $\forall\varepsilon_1 > 0$，$\exists\delta_{x_0} > 0$，当 $x\in(x_0-\delta_{x_0}, x_0-\delta_{x_0})$ 时，有

$$|f(x)| \leqslant \varepsilon_1 \qquad (x\neq x_0).$$

如此，$\{(x_0-\delta_{x_0}, x_0-\delta_{x_0}) : x_0\in[a,b]\}$ 组成了 $[a,b]$ 区间的一个开覆盖. 由有限覆盖定理知，其中存在有限子覆盖

$$\{(x_i-\delta_{x_i}, x_i-\delta_{x_i})\}_{i=1}^{k}.$$

至此，我们证明了：除了有限个点$\{x_1,x_2,\cdots,x_k\}$，恒有

$$|f(x)|\leqslant\varepsilon_1\qquad(x\neq x_1,x_2,\cdots,x_k).\tag{4-2-5-1}$$

于是，$\forall\varepsilon>0$，令

$$\varepsilon_1=\frac{\varepsilon}{4(b-a)},\ M>\max\{f(x_1),f(x_2),\cdots,f(x_k),\varepsilon_1\},$$

作一个分割$T$使含$x_1,x_2,\cdots,x_k$的各小区间之总长

$$\sum 1\Delta x_i<\frac{\varepsilon}{4M},$$

则

$$\sum\omega_i\Delta x_i=\sum 1\omega_i\Delta x_i+\sum 2\omega_i\Delta x_i\leqslant 2M\frac{\varepsilon}{4M}+2\varepsilon_1(b-a)=\varepsilon.$$

式中，$\sum 1$表示含$x_1,x_2,\cdots,x_k$的各小区间对应项之和，$\sum 2$是其余各项之和. 从而$f(x)$在$[a,b]$上可积.

由于已证明$f(x)$在$[a,b]$上可积，故无论点$\xi_i$怎样选取，积分和的极限均相同. 针对上述$\varepsilon_1$，只要选取$\xi_i$时与式（4-2-5-1）中的$x_1,x_2,\cdots,x_k$不同，便有

$$\left|\sum f(\xi_i)\Delta x_i\right|\leqslant(b-a)\varepsilon_1.$$

由定义 4.2.1 可知$\int_a^b f(x)\mathrm{d}x=0$.

---

**例 4-2-6**　设$f(x)$在$[a,b]$上可微，试证：$f'(x)$在$[a,b]$上可积的充要条件是，存在可积函数$g(x)$使得

$$f(x)=f(a)+\int_a^x g(t)\mathrm{d}t.\tag{4-2-6-1}$$

**证**　要证明必要性，只要令$g(x)=f'(x)$即可. 这里只证充分性（对任意分割而言，在小区间上$f'(x)$的振幅小于或等于$g(x)$的振幅，即$\omega_i^{f'}\leqslant\omega_i^g$）.

设$T:a=x_0<x_1<\cdots<x_n=b$是$[a,b]$的任意分割，记

$$m_i^g=\inf_{x_{i-1}\leqslant x\leqslant x_i}g(x)\text{ 和 }M_i^g=\sup_{x_{i-1}\leqslant x\leqslant x_i}g(x),$$

则

$$\omega_i^g=M_i^g-m_i^g.$$

设$x\in[x_{i-1},x_i]$为任意一点，$x+\Delta x_i\in[x_{i-1},x_i]$，则由式（4-2-6-1）得

$$\frac{\Delta f}{\Delta x}=\frac{f(x+\Delta x)-f(x)}{\Delta x}=\frac{1}{\Delta x}\int_x^{x+\Delta x}g(x)\mathrm{d}x.$$

注意到$m_i^g\leqslant g(x)\leqslant M_i^g$，所以

$$m_i^g\leqslant\frac{\Delta f}{\Delta x}\leqslant M_i^g.$$

令$\Delta x\to 0$，得

$$m_i^g\leqslant f'(x)\leqslant M_i^g,$$

因此$f'(x)$在$[x_{i-1},x_i]$上的振幅为

$$\omega_i^{f'}=\sup_{x_{i-1}\leqslant x\leqslant x_i}f'(x)-\inf_{x_{i-1}\leqslant x\leqslant x_i}f'(x)\leqslant M_i^g-m_i^g=\omega_i^g,$$

故

$$0\leqslant\sum\omega_i^{f'}\Delta x_i\leqslant\sum\omega_i^g\Delta x_i.$$

由于 $g$ 在 $[a,b]$ 上可积，

$$\lim_{\lambda\to 0}\sum\omega_i^g\Delta x_i=0,$$

故

$$\lim_{\lambda\to 0}\sum\omega_i^{f'}\Delta x_i=0,$$

从而 $f'(x)$ 在 $[a,b]$ 上可积.

---

## 习题 4-2

**4-2-1** 设 $f(u)$ 在区间 $[A,B]$ 上连续，$g(x)$ 在 $[a,b]$ 上可积，当 $x\in[a,b]$ 时，$A\leqslant g(x)\leqslant B$，试证：$f[g(x)]$ 在 $[a,b]$ 上可积.

**4-2-2** 若 $f(x)$ 和 $g(x)$ 在 $[a,b]$ 上可积，试证：$\max\{f(x),g(x)\}$，$\min\{f(x),g(x)\}$ 在 $[a,b]$ 上也可积.

**4-2-3** 证明：Riemann 函数

$$R(x)=\begin{cases}\dfrac{1}{q}, & x=\dfrac{p}{q},\ p,q\text{为正整数},\ p/q\text{为既约真分数}\\ 0, & x\text{为}0,1\text{或}(0,1)\text{内的无理数}\end{cases}$$

在 $[0,1]$ 上可积.

**4-2-4** 证明：函数

$$f(x)=\begin{cases}\dfrac{1}{x}-\left[\dfrac{1}{x}\right], & x\neq 0\\ 0, & x=0\end{cases}$$

在区间 $[0,1]$ 上可积.

**4-2-5** 设 $g(x)$ 在 $[A,B]$ 上连续，$f(x)$ 在 $[a,b]$ 上可积，且 $f([a,b])\subset[A,B]$，证明：$g[f(x)]$ 在 $[a,b]$ 上可积.

**4-2-6** 设 $f(x)$ 在 $[a,b]$ 上可积，试证：对 $[a,b]$ 上任意可积函数 $g(x)$，恒有

$$\int_a^b f(x)g(x)\mathrm{d}x=0,$$

则函数 $f(x)$ 在连续点上恒为 0.

# 4.3　积分不等式

本节介绍证明积分不等式的基本方法.

## 4.3.1　利用微分学的方法证明积分不等式

**例 4-3-1**　设 $f(x)$ 在 $[a,b]$ 上连续且单调递增，证明：$\int_a^b xf(x)\mathrm{d}x \geqslant \frac{a+b}{2}\int_a^b f(x)\,\mathrm{d}x$.

**证**　令 $F(x)=\int_a^x tf(t)\mathrm{d}t-\frac{a+x}{2}\int_a^x f(t)\,\mathrm{d}t$，$x\in[a,b]$，则

$$\begin{aligned}F'(x)&=xf(x)-\frac{1}{2}\int_a^x f(t)\mathrm{d}t-\frac{a+x}{2}f(x)\\&=\frac{x-a}{2}f(x)-\frac{1}{2}\int_a^x f(t)\mathrm{d}t\\&=\frac{x-a}{2}f(x)-\frac{x-a}{2}f(\xi)\\&=\frac{x-a}{2}\left[f(x)-f(\xi)\right],\end{aligned}$$

式中，$\xi\in(a,x)$，$f(x)$ 在 $[a,b]$ 上单调递增，故 $F'(x)\geqslant 0$，从而 $F(x)$ 在 $[a,b]$ 上单调递增，于是有

$$F(x)\geqslant F(a)=0\qquad(x\in[a,b]),$$

即

$$\int_a^b xf(x)\mathrm{d}x\geqslant\frac{a+b}{2}\int_a^b f(x)\mathrm{d}x.$$

## 4.3.2　利用被积函数的不等式证明积分不等式

**例 4-3-2**　函数 $f(x)$ 在 $[0,1]$ 上单调不增，证明：对任意 $\alpha\in(0,1)$，有

$$\int_0^\alpha f(x)\mathrm{d}x\geqslant\alpha\int_0^1 f(x)\mathrm{d}x.\qquad(4\text{-}3\text{-}2\text{-}1)$$

**证**　式（4-3-2-1）即

$$\int_0^\alpha f(x)\mathrm{d}x\geqslant\alpha\int_0^\alpha f(x)\mathrm{d}x+\alpha\int_\alpha^1 f(x)\mathrm{d}x,$$

亦即

$$\frac{1}{\alpha}\int_0^\alpha f(x)\mathrm{d}x\geqslant\frac{1}{1-\alpha}\int_\alpha^1 f(x)\mathrm{d}x,$$

或

$$(1-\alpha)\int_0^\alpha f(x)\mathrm{d}x\geqslant\alpha\int_\alpha^1 f(x)\mathrm{d}x.$$

由于 $f(x)$ 在 $[0,1]$ 上单调不增，故

$$\frac{1}{\alpha}\int_0^{\alpha} f(x)\mathrm{d}x \geqslant f(\alpha) \geqslant \frac{1}{1-\alpha}\int_{\alpha}^{1} f(x)\mathrm{d}x .$$

### 4.3.3 利用泰勒公式证明积分不等式

**例 4-3-3** 设 $f(x)$在$[a,b]$上二次可微，证明：存在$\xi\in(a,b)$，使得

$$\left|\int_a^b f(x)\mathrm{d}x-(b-a)f\left(\frac{a+b}{2}\right)\right| \leqslant \frac{M}{24}(b-a)^3 .$$

式中，$M=\max\limits_{x\in[a,b]}|f''(x)|$.

**证** 记$c=\dfrac{a+b}{2}$，将$f(x)$在$x=c$处按泰勒公式展开得

$$f(x)=f(c)+f'(c)(x-c)+f''(\eta)\frac{(x-c)^2}{2}. \tag{4-3-3-1}$$

式中，$\eta$介于$x$与$c$之间，在式（4-3-3-1）两边对$x$在$[a,b]$上积分，注意到式（4-3-3-1）右边第 2 项的积分为 0，有

$$\left|\int_a^b f(x)\mathrm{d}x-(b-a)f\left(\frac{a+b}{2}\right)\right| = \left|\int_a^b f''(\eta)\frac{(x-c)^2}{2}\mathrm{d}x\right|$$

$$\leqslant M\int_a^b \frac{(x-c)^2}{2}\mathrm{d}x=\frac{M}{24}(b-a)^3 .$$

### 4.3.4 利用 Schwarz 不等式证明积分不等式

**【要点】** （Schwarz 不等式）设$f(x)$和$g(x)$在$[a,b]$上可积，则

$$\left[\int_a^b f(x)g(x)\mathrm{d}x\right]^2 \leqslant \int_a^b f^2(x)\,\mathrm{d}x\int_a^b g^2(x)\mathrm{d}x .$$

**例 4-3-4** 设$f(x)$在$[a,b]$上连续可微且$f(a)=0$，试证：

$$M^2 \leqslant (b-a)\int_a^b \left[f'(x)\right]^2\mathrm{d}x .$$

式中，$M=\sup\limits_{a\leqslant x\leqslant b}|f(x)|$.

**证**

$$\begin{aligned} f^2(x) &= \left[f(x)-f(a)\right]^2=\left[\int_a^x f'(x)\mathrm{d}x\right]^2 \\ &\leqslant \int_a^x \mathrm{d}x\int_a^x\left[f'(x)\right]^2\mathrm{d}x \\ &=(x-a)\int_a^x\left[f'(x)\right]^2\mathrm{d}x \\ &\leqslant (b-a)\int_a^b\left[f'(x)\right]^2\mathrm{d}x . \end{aligned}$$

由此可知

$$M^2=\sup_{a\leqslant x\leqslant b}f^2(x)\leqslant(b-a)\int_a^b[f'(x)]^2\,\mathrm{d}x.$$

## 习题 4-3

**4-3-1** 设$f(x)$在$[0,1]$上连续，且单调递减，$f(x)>0$，试证：对满足$0<\alpha<\beta<1$的任何$\alpha$和$\beta$，有

$$\beta\int_0^\alpha f(x)\mathrm{d}x>\alpha\int_\alpha^\beta f(x)\mathrm{d}x.$$

**4-3-2** $f(x)$在$[0,1]$上可微，且当$x\in(0,1)$时，$0<f'(x)<1$，$f(0)=0$，试证：

$$\left[\int_0^1 f(x)\mathrm{d}x\right]^2>\int_0^1 f^3(x)\mathrm{d}x.$$

**4-3-3** $f'(x)$在$[0,2\pi]$上连续，且$f'(x)\geqslant0$，则对任意正整数$n$，有

$$\left|\int_0^{2\pi}f(x)\sin nx\mathrm{d}x\right|\leqslant\frac{2[f(2\pi)-f(0)]}{n}.$$

**4-3-4** 设$f(x)$在$[a,b]$上二次可微，且$f\left(\dfrac{a+b}{2}\right)=0$，试证：

$$\left|\int_a^b f(x)\mathrm{d}x\right|\leqslant\frac{M}{24}(b-a)^3,$$

式中，$M=\max\limits_{x\in[a,b]}|f''(x)|$.

**4-3-5** 设$f(x)$在$[0,1]$上二次可微，且$f''(x)<0$，试证：$\displaystyle\int_0^1 f(x^2)\mathrm{d}x\leqslant f\left(\frac{1}{3}\right)$.

**4-3-6** 利用 Schwarz 不等式证明 Minkowski 不等式：若$f(x)$和$g(x)$在$[a,b]$上可积，则

$$\left[\int_a^b(f(x)+g(x))^2\mathrm{d}x\right]^{\frac12}\leqslant\left[\int_a^b f^2(x)\mathrm{d}x\right]^{\frac12}+\left[\int_a^b g^2(x)\mathrm{d}x\right]^{\frac12}.$$

**4-3-7** 设$f(x)$在$[0,1]$上连续，且$1\leqslant f(x)\leqslant3$，试证：

$$1\leqslant\int_0^1 f(x)\mathrm{d}x\int_0^1\frac{1}{f(x)}\mathrm{d}x\leqslant\frac{4}{3}.$$

# 第5章

# 级　数

级数是“数学分析”中非常重要的知识体系，体现了从有限到无穷，从量变到质变的飞跃．级数具有完善的理论，是历年硕士研究生入学考试的热点之一．本章包含常数项级数敛散性和函数项级数一致收敛两大部分内容，汇聚多种方法和典型习题的讲解．

# 5.1 任意常数项级数敛散性的判别方法

## 5.1.1 利用常数项级数收敛定义

【要点】 这种判别方法适用于任意常数项级数. 对给定的常数项级数$\sum_{n=1}^{\infty}u_n$，运用常数项级数收敛定义进行判别的关键是计算部分和数列$\{S_n\}=\left\{\sum_{k=1}^{n}u_k\right\}$，若$\{S_n\}$收敛，则常数项级数$\sum_{n=1}^{\infty}u_n$收敛，且极限值为级数的和；否则，$\sum_{n=1}^{\infty}u_n$发散. 下面就求部分和的方法进行分类讲解.

### 1. 利用已知数列求和公式求解部分和

---

**例 5-1-1** 证明：级数

$$\left(\frac{1}{2}+\frac{1}{3}\right)+\left(\frac{1}{2^2}+\frac{1}{3^2}\right)+\cdots+\left(\frac{1}{2^n}+\frac{1}{3^n}\right)+\cdots$$

收敛，并求其和.

**证** 级数部分和为

$$\begin{aligned}S_n&=\left(\frac{1}{2}+\frac{1}{3}\right)+\left(\frac{1}{2^2}+\frac{1}{3^2}\right)+\cdots+\left(\frac{1}{2^n}+\frac{1}{3^n}\right)\\&=\left(\frac{1}{2}+\frac{1}{2^2}+\cdots+\frac{1}{2^n}\right)+\left(\frac{1}{3}+\frac{1}{3^2}+\cdots+\frac{1}{3^n}\right)\\&=\frac{\frac{1}{2}\times\left(1-\frac{1}{2^n}\right)}{1-\frac{1}{2}}+\frac{\frac{1}{3}\times\left(1-\frac{1}{3^n}\right)}{1-\frac{1}{3}}\\&=\frac{3}{2}-\frac{1}{2^n}-\frac{1}{2\times3^n},\end{aligned}$$

于是

$$\lim_{n\to\infty}S_n=\lim_{n\to\infty}\left(\frac{3}{2}-\frac{1}{2^n}-\frac{1}{2\times3^n}\right)=\frac{3}{2}.$$

从而，原级数收敛且其和为$\frac{3}{2}$.

---

**例 5-1-2** 计算$\sum_{n=1}^{\infty}n\mathrm{e}^{-nx}$，$x>0$.

**解** 级数部分和为

$$S_n=\mathrm{e}^{-x}+2\mathrm{e}^{-2x}+\cdots+n\mathrm{e}^{-nx},$$

两边同乘$\mathrm{e}^{-x}$得

$$e^{-x}S_n = e^{-2x} + 2e^{-3x} + \cdots + ne^{-(n+1)x}.$$

上述两式相减得

$$\left(1-e^{-x}\right)S_n = e^{-x} + e^{-2x} + \cdots + e^{-nx} - ne^{-(n+1)x} = \frac{e^{-x}\left(1-e^{-nx}\right)}{1-e^{-x}} - ne^{-(n+1)x},$$

从而得

$$S_n = \frac{e^{-x}}{\left(1-e^{-x}\right)^2} - \frac{e^{-(n+1)x}}{\left(1-e^{-x}\right)^2} - \frac{ne^{-(n+1)x}}{1-e^{-x}},$$

于是有

$$\lim_{n\to\infty} S_n = \lim_{n\to\infty}\left(\frac{e^{-x}}{\left(1-e^{-x}\right)^2} - \frac{e^{-(n+1)x}}{\left(1-e^{-x}\right)^2} - \frac{ne^{-(n+1)x}}{1-e^{-x}}\right) = \frac{e^{-x}}{\left(1-e^{-x}\right)^2},$$

故

$$\sum_{n=1}^{\infty} ne^{-nx} = \frac{e^{-x}}{\left(1-e^{-x}\right)^2}.$$

---

### 2. 利用裂项相消法求解部分和

---

**例 5-1-3** 判别级数 $\sum_{n=1}^{\infty}\frac{\sin 1}{\cos n\cos(n+1)}$ 的敛散性.

**解** 由于

$$\begin{aligned}\frac{\sin 1}{\cos n\cos(n+1)} &= \frac{\sin(n+1-n)}{\cos n\cos(n+1)} \\ &= \frac{\sin(n+1)\cos n - \cos(n+1)\sin n}{\cos n\cos(n+1)} \\ &= \tan(n+1) - \tan n,\end{aligned}$$

故级数部分和为

$$\begin{aligned}S_n &= (\tan 2 - \tan 1) + (\tan 3 - \tan 2) + \cdots + \left[\tan(n+1) - \tan n\right] \\ &= \tan(n+1) - \tan 1.\end{aligned}$$

显然，$\{S_n\}$ 发散，因此原级数发散.

**注:** 本例也可以应用级数收敛的必要条件，由于 $\{u_n\}$ 发散，故级数 $\sum_{n=1}^{\infty}\frac{\sin 1}{\cos n\cos(n+1)}$ 发散. 此处重在理解裂项相消法的思想.

---

**例 5-1-4** 计算级数 $\sum_{n=1}^{\infty}(-1)^{n+1}\frac{2n+1}{n(n+1)}$ 的和.

**解** 由于

$$(-1)^{n+1}\frac{2n+1}{n(n+1)}=(-1)^{n+1}\frac{1}{n+1}-(-1)^{n}\frac{1}{n},$$

因此级数部分和为

$$\begin{aligned}S_n&=\left(\frac{1}{2}+1\right)+\left(-\frac{1}{3}-\frac{1}{2}\right)+\left(\frac{1}{4}+\frac{1}{3}\right)+\cdots+\left((-1)^{n+1}\frac{1}{n+1}-(-1)^{n}\frac{1}{n}\right)\\&=1+(-1)^{n+1}\frac{1}{n+1},\end{aligned}$$

于是有

$$\lim_{n\to\infty}S_n=1+(-1)^{n+1}\frac{1}{n+1}=1,$$

从而

$$\sum_{n=1}^{\infty}(-1)^{n+1}\frac{2n+1}{n(n+1)}=1.$$

---

**例 5-1-5** 证明：级数 $\sum_{n=1}^{\infty}\ln\frac{n(2n+1)}{(n+1)(2n-1)}$ 收敛，并求其和.

**解** 由于

$$\ln\frac{n(2n+1)}{(n+1)(2n-1)}=\ln n-\ln(n+1)+\ln(2n+1)-\ln(2n-1),$$

因此

$$\begin{aligned}S_n=&(\ln 1-\ln 2+\ln 3-\ln 1)+(\ln 2-\ln 3+\ln 5-\ln 3)+\cdots+\\&[\ln(n-1)-\ln n+\ln(2n-1)-\ln(2n-3)]+\\&[\ln n-\ln(n+1)+\ln(2n+1)-\ln(2n-1)]\\=&\ln(2n+1)-\ln(n+1),\end{aligned}$$

于是

$$\lim_{n\to\infty}S_n=\lim_{n\to\infty}[\ln(2n+1)-\ln(n+1)]=\lim_{n\to\infty}\ln\frac{2n+1}{n+1}=\ln 2.$$

因此，原级数收敛，且和为 $\ln 2$.

---

### 5.1.2 利用常数项级数收敛的柯西准则

**【要点】** 这种判别方法适用于任意常数项级数. 常数项级数收敛的柯西准则如下.

级数 $\sum_{n=1}^{\infty}u_n$ 收敛的充要条件：$\forall\varepsilon>0$，$\exists N\in\mathbf{N}_+$，当 $n>N$ 时，$\forall p\in\mathbf{N}_+$，都有

$$\left|u_{m+1}+u_{m+2}+\cdots+u_{m+p}\right|<\varepsilon.$$

同时，也可以得到级数 $\sum_{n=1}^{\infty}u_n$ 发散的充要条件：$\exists\varepsilon_0>0$，$\forall N\in\mathbf{N}_+$，总存在正整数 $m_0>N$ 和 $p_0$，使得

$$\left|u_{m_0+1}+u_{m_0+2}+\cdots+u_{m_0+p_0}\right|\geqslant \varepsilon_0 .$$

根据常数项级数收敛的柯西准则，容易得到级数收敛的必要条件：若级数 $\sum_{n=1}^{\infty}u_n$ 收敛，则 $\lim_{n\to\infty}u_n=0$ .

上述必要条件可以用来判断某些级数发散，也就是说，若 $\lim_{n\to\infty}u_n\neq 0$ ，则级数 $\sum_{n=1}^{\infty}u_n$ 发散.

---

**例 5-1-6**　判别级数 $\sum_{n=1}^{\infty}\frac{\sin 2^n}{2^n}$ 的敛散性.

***解***　由于

$$\begin{aligned}\left|\frac{\sin 2^{m+1}}{2^{m+1}}+\frac{\sin 2^{m+2}}{2^{m+2}}+\cdots+\frac{\sin 2^{m+p}}{2^{m+p}}\right| &\leqslant \frac{1}{2^{m+1}}+\frac{1}{2^{m+2}}+\cdots+\frac{1}{2^{m+p}}\\ &\leqslant \frac{1}{2^{m+1}}\left(1+\frac{1}{2}+\cdots+\frac{1}{2^{p-1}}\right)\\ &\leqslant \frac{1}{2^{m+1}}\frac{1-\frac{1}{2^p}}{1-\frac{1}{2}}\\ &\leqslant \frac{1}{2^m},\end{aligned}$$

因此，对 $\forall\varepsilon>0$（不妨设 $\varepsilon<1$），取

$$N=\left[\log_2\frac{1}{\varepsilon}\right]+1,$$

使得当 $m>N$ 及对任意的正整数 $p$ ，有

$$\left|\frac{\sin 2^{m+1}}{2^{m+1}}+\frac{\sin 2^{m+2}}{2^{m+2}}+\cdots+\frac{\sin 2^{m+p}}{2^{m+p}}\right|\leqslant\frac{1}{2^m}<\varepsilon .$$

根据常数项级数收敛的柯西准则，原级数收敛.

---

**例 5-1-7**　设正项级数 $\sum_{n=1}^{\infty}a_n$ 发散，$\{a_n\}$ 有界，令 $S_n=a_1+a_2+\cdots+a_n$ ，证明：级数

$$\sum_{n=1}^{\infty}\frac{a_n-a_{n+1}}{S_n}$$

收敛.

**证**　由正项级数 $\sum_{n=1}^{\infty}a_n$ 发散，根据常数项级数收敛的定义，有

$$\lim_{n\to\infty}\frac{1}{S_n}=0,$$

可得 $\forall\varepsilon>0$ ，$\exists N\in\mathbf{N}_+$ ，当 $n>N$ 时，有 $\left|\frac{1}{S_n}\right|<\varepsilon$ . 又 $\{a_n\}$ 有界，$\exists M>0$ ，使得 $|a_n|\leqslant M$ . 由于

$$\begin{aligned}&\left|\frac{a_{m+1}-a_{m+2}}{S_{m+1}}+\frac{a_{m+2}-a_{m+3}}{S_{m+2}}+\cdots+\frac{a_{m+p}-a_{m+p+1}}{S_{m+p}}\right|\\ \leqslant&\left|\frac{a_{m+1}-a_{m+2}+a_{m+2}-a_{m+3}+\cdots+a_{m+p}-a_{m+p+1}}{S_{m+1}}\right|\\ \leqslant&\left|\frac{a_{m+1}-a_{m+p+1}}{S_{m+1}}\right|\leqslant\left|\frac{a_{m+1}}{S_{m+1}}\right|\\ \leqslant&\frac{M}{|S_{m+1}|},\end{aligned}$$

因此，对 $\forall\varepsilon>0$，$\exists N\in\mathbf{N}_+$，当 $m>N$ 时，有

$$\left|\frac{a_{m+1}-a_{m+2}}{S_{m+1}}+\frac{a_{m+2}-a_{m+3}}{S_{m+2}}+\cdots+\frac{a_{m+p}-a_{m+p+1}}{S_{m+p}}\right|\leqslant\frac{M}{|S_{m+1}|}<M\varepsilon.$$

根据常数项级数收敛的柯西准则，原级数收敛.

---

**例 5-1-8** 应用级数收敛的柯西准则证明：级数

$$\sum_{n=1}^{\infty}\frac{1}{\sqrt{n+n^2}}$$

发散.

**证** 取 $p=m$，有

$$\begin{aligned}&\left|\frac{1}{\sqrt{(m+1)+(m+1)^2}}+\frac{1}{\sqrt{(m+2)+(m+2)^2}}+\cdots+\frac{1}{\sqrt{(m+m)+(m+m)^2}}\right|\\ \geqslant&\frac{m}{\sqrt{(m+m)+(m+m)^2}}\\ \geqslant&\frac{m}{\sqrt{8m^2}}=\frac{1}{2\sqrt{2}},\end{aligned}$$

因此，$\exists\varepsilon_0=\dfrac{1}{2\sqrt{2}}$，$\forall N\in\mathbf{N}_+$，只要 $m>N$ 和 $p=m$，就有

$$\left|\frac{1}{\sqrt{(m+1)+(m+1)^2}}+\frac{1}{\sqrt{(m+2)+(m+2)^2}}+\cdots+\frac{1}{\sqrt{(m+m)+(m+m)^2}}\right|\geqslant\frac{1}{2\sqrt{2}}.$$

根据常数项级数收敛的柯西准则，原级数发散.

---

**例 5-1-9** 判断级数

$$1+\frac{1}{2}-\frac{1}{3}+\frac{1}{4}+\frac{1}{5}-\frac{1}{6}+\cdots$$

的敛散性.

**解** 取 $p=m$，有

$$\left|\frac{1}{3m+1}+\frac{1}{3m+2}-\frac{1}{3m+3}+\cdots+\frac{1}{3\left[(m-1)+m\right]+1}+\frac{1}{3\left[(m-1)+m\right]+2}-\frac{1}{3\left[(m-1)+m\right]+3}\right|$$

$$=\left|\frac{1}{3m+1}+\frac{1}{3m+2}-\frac{1}{3m+3}+\cdots+\frac{1}{6m-2}+\frac{1}{6m-1}-\frac{1}{6m}\right|$$

$$\geqslant\left|\frac{1}{3m+3}+\frac{1}{3m+3}-\frac{1}{3m+3}+\cdots+\frac{1}{6m}+\frac{1}{6m}-\frac{1}{6m}\right|$$

$$\geqslant\frac{1}{3}\left(\frac{1}{m+1}+\frac{1}{m+2}+\cdots+\frac{1}{2m}\right)$$

$$\geqslant\frac{1}{3}\left(\frac{1}{2m}+\frac{1}{2m}+\cdots+\frac{1}{2m}\right)=\frac{1}{6}.$$

因此，$\exists\varepsilon_0=\dfrac{1}{6}$，$\forall N\in\mathbf{N}_+$，只要 $m>N$ 和 $p=m$，有

$$\left|\frac{1}{3m+1}+\frac{1}{3m+2}-\frac{1}{3m+3}+\cdots+\frac{1}{3\left[(m-1)+m\right]+1}+\frac{1}{3\left[(m-1)+m\right]+2}-\frac{1}{3\left[(m-1)+m\right]+3}\right|\geqslant\varepsilon_0 .$$

根据常数项级数收敛的柯西准则，级数

$$\sum_{n=1}^{\infty}\left[\frac{1}{3(n-1)+1}+\frac{1}{3(n-1)+2}-\frac{1}{3(n-1)+3}\right]$$

发散.

下面用级数收敛的必要条件证明级数发散，即若 $\lim\limits_{n\to\infty}u_n\neq 0$，则级数 $\sum\limits_{n=1}^{\infty}u_n$ 发散. 注意，$\lim\limits_{n\to\infty}u_n=0$ 仅是级数 $\sum\limits_{n=1}^{\infty}u_n$ 收敛的必要条件，即若 $\lim\limits_{n\to\infty}u_n=0$，并不意味着级数 $\sum\limits_{n=1}^{\infty}u_n$ 收敛.

---

**例 5-1-10** 判断级数

$$\sum_{n=1}^{\infty}\frac{(-1)^{n-1}n^2}{2n^2+1}$$

的敛散性.

**证** 由于

$$\lim_{n\to\infty}\left|\frac{(-1)^{n-1}n^2}{2n^2+1}\right|=\lim_{n\to\infty}\frac{n^2}{2n^2+1}=\frac{1}{2},$$

一般项

$$\frac{(-1)^{n-1}n^2}{2n^2+1}$$

的极限必不为 0，因此原级数发散.

---

### 5.1.3 利用常数项级数收敛性质

【要点】 这种判别方法适用于任意常数项级数. 常数项级数及收敛的常数项级数具有如下性质.

**性质 5.1.1** 去掉、增加或改变级数的有限个项并不改变级数的敛散性.

**性质 5.1.2** 在收敛级数的项中任意加括号，既不改变级数的收敛性，也不改变它的和.

**性质 5.1.3** 若级数 $\sum_{n=1}^{\infty}u_n$ 和 $\sum_{n=1}^{\infty}v_n$ 都收敛，则对任意常数 $c$和$d$ ，级数 $\sum_{n=1}^{\infty}(cu_n+dv_n)$ 也收敛，且

$$\sum_{n=1}^{\infty}(cu_n+dv_n)=c\sum_{n=1}^{\infty}u_n+d\sum_{n=1}^{\infty}v_n.$$

**例 5-1-11** （1）若级数 $\sum_{n=1}^{\infty}u_n$ 收敛，$\sum_{n=1}^{\infty}v_n$ 发散，则级数 $\sum_{n=1}^{\infty}(u_n+v_n)$ 收敛吗？

（2）若级数 $\sum_{n=1}^{\infty}u_n$ 和 $\sum_{n=1}^{\infty}v_n$ 都发散，则级数 $\sum_{n=1}^{\infty}(u_n+v_n)$ 一定发散吗？又若 $u_n$ 和 $v_n\ (n=1,2,\cdots)$ 都是非负数，会怎样？

**解** （1）若级数 $\sum_{n=1}^{\infty}u_n$ 收敛，$\sum_{n=1}^{\infty}v_n$ 发散，则级数 $\sum_{n=1}^{\infty}(u_n+v_n)$ 必发散. 可用反证法，假设级数 $\sum_{n=1}^{\infty}(u_n+v_n)$ 收敛，则根据性质 5.1.3 可得

$$\sum_{n=1}^{\infty}v_n=\sum_{n=1}^{\infty}\left[(u_n+v_n)-u_n\right]=\sum_{n=1}^{\infty}(u_n+v_n)-\sum_{n=1}^{\infty}u_n$$

必收敛，这与题设 $\sum_{n=1}^{\infty}v_n$ 发散矛盾，所以级数 $\sum_{n=1}^{\infty}(u_n+v_n)$ 必发散.

（2）若级数 $\sum_{n=1}^{\infty}u_n$ 和 $\sum_{n=1}^{\infty}v_n$ 都发散，则级数 $\sum_{n=1}^{\infty}(u_n+v_n)$ 可能收敛也可能发散. 例如，

$$\sum_{n=1}^{\infty}u_n=\sum_{n=1}^{\infty}\frac{1}{n}$$

和

$$\sum_{n=1}^{\infty}v_n=\sum_{n=1}^{\infty}\left(-\frac{1}{n}\right),$$

显然二者都是发散的，但是由于 $u_n+v_n=\frac{1}{n}-\frac{1}{n}=0$，因此 $\sum_{n=1}^{\infty}(u_n+v_n)$ 收敛. 再如，

$$\sum_{n=1}^{\infty}u_n=\sum_{n=1}^{\infty}v_n=\sum_{n=1}^{\infty}\frac{1}{n},$$

则

$$\sum_{n=1}^{\infty}(u_n+v_n)=\sum_{n=1}^{\infty}\frac{2}{n}$$

也是发散的.

如果$u_n$和$v_n\,(n=1,2,\cdots)$都是非负数，且级数$\sum\limits_{n=1}^{\infty}u_n$和$\sum\limits_{n=1}^{\infty}v_n$都发散，则根据常数项级数收敛的定义可知，二者的部分和数列

$$S_n'=\sum_{k=1}^{n}u_k$$

和

$$S_n''=\sum_{k=1}^{n}v_k$$

均为正的单调递增数列，且均发散于$+\infty$. 因此$\sum\limits_{n=1}^{\infty}(u_n+v_n)$的部分和数列

$$S_n=\sum_{k=1}^{n}(u_k+v_k)=S_n'+S_n''$$

也是正的单调递增数列，且发散于$+\infty$. 此时，$\sum\limits_{n=1}^{\infty}(u_n+v_n)$必发散.

运用性质 5.1.2，如果可以通过加括号的方法得到发散的级数，则原级数一定是发散的. 但是，一定要注意，对原级数加括号后得到的级数收敛，并不代表原级数收敛，加括号并不改变级数的收敛性，这是级数收敛的必要条件但不是充分条件，因此可以用其判别是否发散.

---

**例 5-1-12** 判别级数

$$\frac{1}{\sqrt{2}-1}-\frac{1}{\sqrt{2}+1}+\frac{1}{\sqrt{3}-1}-\frac{1}{\sqrt{3}+1}+\cdots+\frac{1}{\sqrt{n}-1}-\frac{1}{\sqrt{n}+1}+\cdots$$

的敛散性.

**解** 对原级数加括号，得

$$\left(\frac{1}{\sqrt{2}-1}-\frac{1}{\sqrt{2}+1}\right)+\left(\frac{1}{\sqrt{3}-1}-\frac{1}{\sqrt{3}+1}\right)+\cdots+\left(\frac{1}{\sqrt{n}-1}-\frac{1}{\sqrt{n}+1}\right)+\cdots,$$

其一般项为

$$u_n=\frac{1}{\sqrt{n}-1}-\frac{1}{\sqrt{n}+1}=\frac{2}{n-1},$$

此时得到的级数

$$\sum_{n=2}^{\infty}u_n=2\sum_{n=2}^{\infty}\frac{1}{n-1}=2\sum_{n=1}^{\infty}\frac{1}{n}$$

发散. 根据性质 5.1.2，原级数发散.

本节所总结的判别方法适用于任意的常数项级数，是判别级数收敛和发散的通用方法，例题中有正项级数和一般项级数.

对一般项级数，非常重要的收敛性质是绝对收敛. 而绝对收敛是指级数的各项绝对值组成的级数（此时为正项级数）收敛，因此正项级数敛散性的判别方法非常重要. 5.2 节将会总结正项级数敛散性的判别方法.

---

## 习题 5-1

**5-1-1** 求下列级数的和：

（1）$\dfrac{1}{1\times3}+\dfrac{1}{3\times5}+\dfrac{1}{5\times7}+\cdots$；

（2）$\dfrac{1}{2}+\dfrac{3}{2^2}+\dfrac{5}{2^3}+\cdots+\dfrac{2n-1}{2^n}+\cdots$；

（3）$\sum\limits_{n=1}^{\infty}\dfrac{2n+1}{n^2(n+1)^2}$；

（4）$\sum\limits_{n=1}^{\infty}\dfrac{1}{n(n+m)}$（$m$ 为正整数）.

**5-1-2** 证明：下列级数发散.

（1）$\sum\limits_{n=1}^{\infty}\dfrac{n}{n+1}$；

（2）$\sum\limits_{n=1}^{\infty}(-1)^n\dfrac{n^2+1}{3n^2-2}$；

（3）$\sum\limits_{n=1}^{\infty}\dfrac{1}{\sqrt[n]{n}}$；

（4）$\sum\limits_{n=1}^{\infty}\left(1-\dfrac{1}{n}\right)^n$.

**5-1-3** 设 $\sum\limits_{n=1}^{\infty}a_n$ 收敛，证明：

$$\sum_{n=1}^{\infty}(a_n+a_{n+1})$$

也收敛.

试举例说明其逆命题不成立.

若 $a_n>0$，则逆命题也成立，试证之.

**5-1-4** 应用常数项级数收敛的柯西准则讨论下列级数的敛散性：

（1）$\sum\limits_{n=1}^{\infty}\dfrac{\sin n}{2^n}$；

（2）$\sum\limits_{n=1}^{\infty}\dfrac{\cos n!}{n(n+1)}$.

# 5.2　正项级数敛散性的判别方法

5.1 节所总结的常数项级数收敛定义、性质及柯西准则的判别方法均适用于正项级数敛散性的判别. 除此之外，正项级数敛散性的判别方法还可进行如下展开.

## 5.2.1　利用正项级数一般项自身性质

### 1. 部分和数列有界

**【要点】**　正项级数 $\sum_{n=1}^{\infty} u_n$ 收敛的充要条件是部分和数列 $\{S_n\}$ 有界，即存在某个正数 $M$，对一切正整数 $n$ 有 $S_n < M$.

---

**例 5-2-1**　设正项级数 $\sum_{n=1}^{\infty} a_n$ 的一般项单调递减趋于 0，且已知数列 $\left\{\sum_{k=1}^{n}(a_k - a_n)\right\}$ 有界. 证明：级数 $\sum_{n=1}^{\infty} a_n$ 收敛.

**证**　由于 $\left\{\sum_{k=1}^{n}(a_k - a_n)\right\}$ 有界，$\exists M > 0$，使得对 $\forall n \in \mathbf{N}_+$，有

$$\sum_{k=1}^{n}(a_k - a_n) = \left(\sum_{k=1}^{n} a_k - na_n\right) \leqslant M .$$

对 $\forall n \in \mathbf{N}_+$，当 $m > n$ 时，由于 $\{a_n\}$ 单调递减，因此

$$\left(\sum_{k=1}^{n} a_k - na_m\right) = \sum_{k=1}^{n}(a_k - a_m) \leqslant \sum_{k=1}^{m}(a_k - a_m) \leqslant M . \tag{5-2-1-1}$$

由于对任意 $m$，式（5-2-1-1）都成立，在式（5-2-1-1）中令 $m \to \infty$，则 $\sum_{k=1}^{n} a_k \leqslant M$ 成立，即正项级数 $\sum_{n=1}^{\infty} a_n$ 的部分和 $S_n = \sum_{k=1}^{n} a_k \leqslant M$ 成立，因此正项级数 $\sum_{n=1}^{\infty} a_n$ 收敛.

---

**例 5-2-2**　设 $\{u_n\}$ 为递减的正项数列，证明：$\sum_{n=1}^{\infty} u_n$ 与 $\sum_{m=0}^{\infty} 2^m u_{2^m}$ 同时收敛或同时发散.

**证**　记二者部分和分别如下：

$$S_n = \sum_{k=1}^{n} u_k ,$$

$$\sigma_j = \sum_{m=0}^{j} 2^m u_{2^m} .$$

当 $n \leqslant 2^j$ 时，有

$$
\begin{aligned}
S_n &= u_1+(u_2+u_3)+(u_4+u_5+u_6+u_7)+\cdots+u_n \\
&< u_1+(u_2+u_3)+(u_4+u_5+u_6+u_7)+\cdots+(u_{2^j}+u_{2^j+1}+\cdots+u_{2^{j+1}-1}) \\
&\leqslant u_1+2u_2+4u_4+\cdots+2^j u_{2^j}=\sigma_j .
\end{aligned}
$$

反之，当 $n>2^j$ 时，有

$$
\begin{aligned}
S_n &\geqslant u_1+u_2+(u_3+u_4)+\cdots+(u_{2^{j-1}+1}+u_{2^{j-1}+2}+\cdots+u_{2^j}) \\
&= u_1+2^0 u_2+2u_4+\cdots+2^{j-1}u_{2^j} \\
&= u_1+\frac{1}{2}(2u_2+2^2u_4+\cdots+2^j u_{2^j}) \\
&> \frac{1}{2}(u_1+2u_2+2^2u_4+\cdots+2^j u_{2^j})=\frac{1}{2}\sigma_j .
\end{aligned}
$$

如此可以得到，部分和数列 $\{S_n\}$ 与 $\{\sigma_j\}$ 同时有界或同时无界，因此级数 $\sum_{n=1}^{\infty}u_n$ 与 $\sum_{m=0}^{\infty}2^m u_{2^m}$ 同时收敛或同时发散.

**注：** 部分和数列有界是正项级数判别法的理论基础，由此得到正项级数的比较原则、达朗贝尔判别法、柯西判别法等.

---

### 2. 达朗贝尔判别法（比式判别法）

**【要点】** 设 $\sum_{n=1}^{\infty}u_n$ 为正项级数，且存在某正整数 $N_0$ 及常数 $q(0<q<1)$：

i）若对一切 $n>N_0$，不等式 $\frac{u_{n+1}}{u_n}\leqslant q$ 成立，则级数 $\sum_{n=1}^{\infty}u_n$ 收敛；

ii）若对一切 $n>N_0$，不等式 $\frac{u_{n+1}}{u_n}\geqslant 1$ 成立，则级数 $\sum_{n=1}^{\infty}u_n$ 发散.

达朗贝尔判别法的极限形式说明如下.

设 $\sum_{n=1}^{\infty}u_n$ 为正项级数，且 $\lim\limits_{n\to\infty}\frac{u_{n+1}}{u_n}=q$：

i）当 $q<1$ 时，级数 $\sum_{n=1}^{\infty}u_n$ 收敛；

ii）当 $q>1$ 或 $q=+\infty$ 时，级数 $\sum_{n=1}^{\infty}u_n$ 发散.

若 $\frac{u_{n+1}}{u_n}(n\in\mathbf{N}_+)$ 极限不存在，但是有上、下极限，则可以用上、下极限来判断.

设 $\sum_{n=1}^{\infty}u_n$ 为正项级数：

i）若 $\overline{\lim\limits_{n\to\infty}}\frac{u_{n+1}}{u_n}=q<1$，则级数收敛；

ii）若 $\underline{\lim\limits_{n\to\infty}}\frac{u_{n+1}}{u_n}=q>1$，则级数发散.

**例 5-2-3**　判别下列各正项级数的敛散性:

（1）$\sum\limits_{n=1}^{\infty}\frac{(n!)^2}{2^{n^2}}$;

（2）$\sum\limits_{n=1}^{\infty}\left(\sqrt{2}-\sqrt[3]{2}\right)\times\left(\sqrt{2}-\sqrt[5]{2}\right)\times\cdots\times\left(\sqrt{2}-\sqrt[2n+1]{2}\right)$;

（3）$\sqrt{2}+\sqrt{2-\sqrt{2}}+\sqrt{2-\sqrt{2+\sqrt{2}}}+\sqrt{2-\sqrt{2+\sqrt{2+\sqrt{2}}}}+\cdots$;

（4）$\sum\limits_{n=1}^{\infty}nx^{n-1}(x>0)$.

**解**　(1) 由于

$$\lim_{n\to\infty}\frac{u_{n+1}}{u_n}=\lim_{n\to\infty}\frac{\dfrac{\left[(n+1)!\right]^2}{2^{(n+1)^2}}}{\dfrac{(n!)^2}{2^{n^2}}}=\lim_{n\to\infty}\frac{(n+1)^2}{2^{2n+1}}=0<1,$$

根据达朗贝尔判别法的极限形式，级数 $\sum\limits_{n=1}^{\infty}\frac{(n!)^2}{2^{n^2}}$ 收敛.

（2）由于

$$\lim_{n\to\infty}\frac{u_{n+1}}{u_n}=\lim_{n\to\infty}\left(\sqrt{2}-\sqrt[2n+3]{2}\right)=\sqrt{2}-1<1,$$

根据达朗贝尔判别法的极限形式，原级数收敛.

（3）设 $a_1=\sqrt{2}$，$a_2=\sqrt{2+\sqrt{2}}$，……，$a_n=\sqrt{2+\sqrt{2+\cdots\sqrt{2}}}$，……，根据单调有界定理容易证明数列 $\{a_n\}$ 收敛，极限 $\lim\limits_{n\to\infty}a_n=2$. 因此级数的一般项如下:

$$u_1=a_1,\ u_n=\sqrt{2-a_n},\ u_{n+1}=\sqrt{2-\sqrt{2+a_n}}\,(n\geqslant 2),$$

则

$$\lim_{n\to\infty}\frac{u_{n+1}}{u_n}=\lim_{n\to\infty}\frac{\sqrt{2-\sqrt{2+a_n}}}{\sqrt{2-a_n}}=\lim_{x\to 2}\frac{\sqrt{2-\sqrt{2+x}}}{\sqrt{2-x}}=\lim_{x\to 2}\frac{\sqrt{2-\sqrt{2+x}}}{\sqrt{2-x}}$$

$$=\sqrt{\lim_{x\to 2}\frac{2-\sqrt{2+x}}{2-x}}=\sqrt{\lim_{x\to 2}\frac{-\frac{1}{2}}{-\sqrt{2+x}}}=\frac{1}{2}<1.$$

根据达朗贝尔判别法的极限形式，原级数收敛.

（4）由于

$$\lim_{n\to\infty}\frac{u_{n+1}}{u_n}=\lim_{n\to\infty}\frac{(n+1)x^n}{nx^{n-1}}=\lim_{n\to\infty}\frac{n+1}{n}x=x,$$

根据达朗贝尔判别法的极限形式，当 $0<x<1$ 时级数收敛；当 $x>1$ 时级数发散；当 $x=1$ 时，所考察的级数为 $\sum\limits_{n=1}^{\infty}n$，显然该级数是发散的.

**例 5-2-4** 讨论级数

$$1+b+bc+b^2c+b^2c^2+\cdots+b^nc^{n-1}+b^nc^n+\cdots$$

的敛散性，式中，$0<b<c$.

**解** 由于

$$\frac{u_{n+1}}{u_n}=\begin{cases}b, & n\text{为奇数}\\ c, & n\text{为偶数}\end{cases},$$

故有

$$\overline{\lim_{n\to\infty}}\frac{u_{n+1}}{u_n}=c\text{，}\quad \underline{\lim_{n\to\infty}}\frac{u_{n+1}}{u_n}=b\text{.}$$

于是，当$c<1$时，原级数收敛；当$b>1$时，原级数发散. 但是当$b<1<c$时，达朗贝尔判别法无法判断.

**注**：达朗贝尔判别法应用起来非常方便，只需要判断一般项$\frac{u_{n+1}}{u_n}$的性质即可，但是，当极限$\lim_{n\to\infty}\frac{u_{n+1}}{u_n}=1$时，该方法失效. 此时，可以使用柯西判别法和比较原则等.

### 3．柯西判别法（根式判别法）

**【要点】** 设$\sum_{n=1}^{\infty}u_n$为正项级数，且存在某正整数$N_0$及正常数$l$，使得

i）若对一切$n>N_0$，不等式$\sqrt[n]{u_n}\leqslant l<1$成立，则级数$\sum_{n=1}^{\infty}u_n$收敛；

ii）若对一切$n>N_0$，不等式$\sqrt[n]{u_n}\geqslant 1$成立，则级数$\sum_{n=1}^{\infty}u_n$发散.

在实际问题的解决过程中，使用柯西判别法的极限形式更为方便，具体形式说明如下.

设$\sum_{n=1}^{\infty}u_n$为正项级数，且$\lim_{n\to\infty}\sqrt[n]{u_n}=l$，则

i）当$l<1$时，级数$\sum_{n=1}^{\infty}u_n$收敛；

ii）当$l>1$时，级数$\sum_{n=1}^{\infty}u_n$发散.

若$\sqrt[n]{u_n}\left(n\in\mathbf{N}_+\right)$极限不存在，但是有上极限，可以用上极限来判断.

设$\sum_{n=1}^{\infty}u_n$为正项级数，且$\overline{\lim_{n\to\infty}}\sqrt[n]{u_n}=l$，则

i）当$l<1$时，级数$\sum_{n=1}^{\infty}u_n$收敛；

ii）当$l>1$时，级数$\sum_{n=1}^{\infty}u_n$发散.

柯西判别法与达朗贝尔判别法之间的关系举例说明如下。

**例 5-2-5** 证明：对级数$\sum_{n=1}^{\infty}u_n(u_n>0)$，极限$\lim\limits_{n\to\infty}\frac{u_{n+1}}{u_n}=q$存在，则$\lim\limits_{n\to\infty}\sqrt[n]{u_n}=q$也存在. 相反结论不成立，讨论级数$\sum_{n=1}^{\infty}\frac{3+(-1)^n}{2^{n+1}}$的敛散性.

**证** 有以下结论：若$\lim\limits_{n\to\infty}a_n=a$，$a_n>0(n\in\mathbf{N}_+)$，则$\lim\limits_{n\to\infty}\sqrt[n]{a_1a_2\cdots a_n}=a$成立.（此结论的证明留做练习.）

设$a_1=u_1$，$a_n=\frac{u_n}{u_{n-1}}(n=2,3,\cdots)$，则根据上述结论，若$\lim\limits_{n\to\infty}a_n=\lim\limits_{n\to\infty}\frac{u_n}{u_{n-1}}=q$，则有

$$\lim_{n\to\infty}\sqrt[n]{u_n}=\lim_{n\to\infty}\sqrt[n]{a_1a_2\cdots a_n}=\lim_{n\to\infty}a_n=q.$$

反之，结论不成立，对级数$\sum_{n=1}^{\infty}\frac{3+(-1)^n}{2^{n+1}}$，由柯西判别法，有

$$\lim_{n\to\infty}\sqrt[n]{\frac{3+(-1)^n}{2^{n+1}}}=\lim_{n\to\infty}\frac{\sqrt[n]{3+(-1)^n}}{2\sqrt[n]{2}}=\lim_{n\to\infty}\frac{1}{2}<1,$$

因此，原级数收敛.

但是，由于

$$\frac{u_{n+1}}{u_n}=\begin{cases}\frac{1}{4}, & n\text{为偶数}\\ 1, & n\text{为奇数}\end{cases},$$

故$\overline{\lim\limits_{n\to\infty}}\frac{u_{n+1}}{u_n}=1$，$\underline{\lim\limits_{n\to\infty}}\frac{u_{n+1}}{u_n}=\frac{1}{4}$，此时达朗贝尔判别法无法判断，失效.

**例 5-2-6** 用柯西判别法讨论级数

$$1+b+bc+b^2c+b^2c^2+\cdots+b^nc^{n-1}+b^nc^n+\cdots$$

的敛散性，式中，$0<b<c$.

**解** 由于

$$\lim_{n\to\infty}\sqrt[2n-1]{b^{n-1}c^{n-1}}=\sqrt{bc},\quad \lim_{n\to\infty}\sqrt[2n]{b^nc^{n-1}}=\sqrt{bc},$$

根据柯西判别法：当$bc<1$时，原级数收敛；当$bc>1$时，原级数发散；当$bc=1$时，原级数变为

$$1+b+1+b+\cdots+1+b+\cdots.$$

此时，原级数显然是发散的.

**例 5-2-7** 讨论下列各正项级数的敛散性.

（1）$\sum_{n=1}^{\infty}\left(\frac{n}{2n+1}\right)^n$；

（2）$\sum_{n=1}^{\infty}\frac{n^2}{\left(2+\frac{1}{n}\right)^n}$；

（3）$\sum_{n=1}^{\infty}\left(\cos\frac{a}{n}\right)^{n^3}$；

（4）$\sum_{n=1}^{\infty}\frac{x^n}{1+x^{2n}}(x>0)$.

**解**（1）由于

$$\lim_{n\to\infty}\sqrt[n]{u_n}=\lim_{n\to\infty}\frac{n}{2n+1}=\frac{1}{2}<1,$$

根据柯西判别法，原级数收敛.

（2）由于

$$\lim_{n\to\infty}\sqrt[n]{u_n}=\lim_{n\to\infty}\frac{\sqrt[n]{n}\sqrt[n]{n}}{2+\frac{1}{n}}=\frac{1}{2}<1.$$

根据柯西判别法，原级数收敛.

（3）若 $a=0$，则原级数显然发散；若 $a\neq 0$，由于

$$\sqrt[n]{u_n}=\left(\cos\frac{a}{n}\right)^{n^2}=\mathrm{e}^{n^2\ln\cos\frac{a}{n}}=\mathrm{e}^{n^2\ln\left[1-\frac{a^2}{2n^2}+o\left(\frac{1}{n^4}\right)\right]}=\mathrm{e}^{n^2\left(-\frac{a^2}{2n^2}+o\left(\frac{1}{n^4}\right)\right)}=\mathrm{e}^{-\frac{a^2}{2}+o\left(\frac{1}{n^2}\right)},$$

因此

$$\lim_{n\to\infty}\sqrt[n]{u_n}=\lim_{n\to\infty}\mathrm{e}^{-\frac{a^2}{2}+o\left(\frac{1}{n^2}\right)}=\mathrm{e}^{-\frac{a^2}{2}}<1,$$

根据柯西判别法，原级数收敛.

（4）当 $x>1$ 时，有

$$\sqrt[n]{x^{2n}}<\sqrt[n]{1+x^{2n}}<\sqrt[n]{2x^{2n}},$$

由函数极限的迫敛性可得

$$\lim_{n\to\infty}\sqrt[n]{1+x^{2n}}=x^2.$$

当 $x\leqslant 1$ 时，有 $\sqrt[n]{1}\leqslant\sqrt[n]{1+x^{2n}}\leqslant\sqrt[n]{2}$，由函数极限的迫敛性可得

$$\lim_{n\to\infty}\sqrt[n]{1+x^{2n}}=1.$$

综上可得

$$\lim_{n\to\infty}\sqrt[n]{1+x^{2n}}=\max\left\{1,x^2\right\},$$

从而有

$$\lim_{n\to\infty}\sqrt[n]{u_n}=\lim_{n\to\infty}\sqrt[n]{\frac{x^n}{1+x^{2n}}}=\frac{x}{\max\left\{1,x^2\right\}}=\begin{cases}<1, & x\neq 1\\ =1, & x=1\end{cases}.$$

根据柯西判别法，当 $x\neq 1$ 时，原级数收敛；当 $x=1$ 时，原级数变为

$$\frac{1}{2}+\frac{1}{2}+\cdots+\frac{1}{2}+\cdots,$$

显然是发散的.

注：达朗贝尔判别法和柯西判别法应用起来非常方便，只需要判断一般项$\frac{u_{n+1}}{u_n}$或$\sqrt[n]{u_n}$的性质，但是当极限$\lim_{n\to\infty}\frac{u_{n+1}}{u_n}=1$或$\lim_{n\to\infty}\sqrt[n]{u_n}=1$时，该方法失效. 此时，可以使用拉贝判别法.

4. 拉贝判别法

【要点】 设$\sum_{n=1}^{\infty}u_n$为正项级数，且存在某正整数$N_0$及常数$r>1$，有

i）若对一切$n>N_0$，不等式$n\left(1-\frac{u_{n+1}}{u_n}\right)\geqslant r$成立，则级数$\sum_{n=1}^{\infty}u_n$收敛；

ii）若对一切$n>N_0$，不等式$n\left(1-\frac{u_{n+1}}{u_n}\right)\leqslant 1$成立，则级数$\sum_{n=1}^{\infty}u_n$发散.

拉贝判别法的极限形式说明如下.

若$\sum_{n=1}^{\infty}u_n$为正项级数，且极限$\lim_{n\to\infty}n\left(1-\frac{u_{n+1}}{u_n}\right)=r$存在，则

i）当$r>1$时，级数$\sum_{n=1}^{\infty}u_n$收敛；

ii）当$r<1$时，级数$\sum_{n=1}^{\infty}u_n$发散.

**例 5-2-8** 有级数

$$\sum_{n=1}^{\infty}\left[\frac{1\times 3\times\cdots\times(2n-1)}{2\times 4\times\cdots\times(2n)}\right]^s,$$

讨论当$s=1,2,3$时该级数的敛散性.

**解** 无论$s=1,2,3$中的哪一个值，都有$\lim_{n\to\infty}\frac{u_{n+1}}{u_n}=1$，因此，达朗贝尔判别法失效. 下面用拉贝判别法.

当$s=1$时，由于

$$\begin{aligned}\lim_{n\to\infty}n\left(1-\frac{u_{n+1}}{u_n}\right)&=\lim_{n\to\infty}n\left(1-\frac{2n+1}{2n+2}\right)\\&=\lim_{n\to\infty}\frac{n}{2n+2}\\&=\frac{1}{2}<1,\end{aligned}$$

根据拉贝判别法，原级数发散.

当$s=2$时，由于

$$n\left(1-\frac{u_{n+1}}{u_n}\right)=n\left[1-\left(\frac{2n+1}{2n+2}\right)^2\right]$$
$$=\frac{n(4n+3)}{(2n+2)^2}$$
$$=\frac{4n^2+3n}{4n^2+8n+4}<1,$$

根据拉贝判别法，原级数发散.

当 $s=3$ 时，由于

$$\lim_{n\to\infty}n\left(1-\frac{u_{n+1}}{u_n}\right)=\lim_{n\to\infty}n\left[1-\left(\frac{2n+1}{2n+2}\right)^3\right]$$
$$=\lim_{n\to\infty}\frac{n(12n^2+18n+7)}{(2n+2)^3}$$
$$=\frac{3}{2}>1,$$

根据拉贝判别法，原级数收敛.

---

**例 5-2-9** 讨论级数 $\sum_{n=1}^{\infty}\frac{n!}{(x+1)(x+2)\cdots(x+n)}(x>0)$ 敛散性.

**解** 由于

$$\lim_{n\to\infty}n\left(1-\frac{u_{n+1}}{u_n}\right)=\lim_{n\to\infty}n\left[1-\frac{(n+1)!}{(x+1)(x+2)\cdots(x+n+1)}\cdot\frac{(x+1)(x+2)\cdots(x+n)}{n!}\right]$$
$$=\lim_{n\to\infty}\frac{nx}{x+n+1}=x,$$

根据拉贝判别法，当 $x>1$ 时，原级数收敛；当 $x<1$ 时，原级数发散；当 $x=1$ 时，原级数变为 $\sum_{n=1}^{\infty}\frac{1}{n+1}$，发散.

**注：** 达朗贝尔判别法、柯西判别法以及拉贝判别法根据正项级数一般项自身的性质来判别，不需要借助于其他级数性质，非常方便且简捷. 但是通过例题的演算可以发现，以上方法也有失效的时候. 此时，可以借助已有的敛散结果进行判别，从而得到结论，这就是比较原则. 不仅如此，以上采用的达朗贝尔判别法、柯西判别法以及拉贝判别法之所以成立，也都是因为运用了比较原则，是与某个等比级数进行比较而得到的结论.

---

### 5.2.2 利用已有敛散结果

#### 1. 比较原则

**【要点】** 设 $\sum_{n=1}^{\infty}u_n$ 和 $\sum_{n=1}^{\infty}v_n$ 是两个正项级数，如果存在某正数 $N$，对一切 $n>N$ 都有 $u_n\leqslant v_n$，则

i）若级数$\sum_{n=1}^{\infty}v_n$收敛，则级数$\sum_{n=1}^{\infty}u_n$收敛；

ii）若级数$\sum_{n=1}^{\infty}u_n$发散，则级数$\sum_{n=1}^{\infty}v_n$发散.

比较原则的极限形式说明如下.

设$\sum_{n=1}^{\infty}u_n$和$\sum_{n=1}^{\infty}v_n$是两个正项级数，若$\lim\limits_{n\to\infty}\frac{u_n}{v_n}=l$，则

i）当$0<l<+\infty$时，级数$\sum_{n=1}^{\infty}u_n$和$\sum_{n=1}^{\infty}v_n$或者同时收敛或者同时发散；

ii）当$l=0$且级数$\sum_{n=1}^{\infty}v_n$收敛时，级数$\sum_{n=1}^{\infty}u_n$也收敛（只判断收敛）；

iii）当$l=+\infty$且级数$\sum_{n=1}^{\infty}v_n$发散时，级数$\sum_{n=1}^{\infty}u_n$也发散（只判断发散）.

**注**：用来比较的级数一般为几何级数或$p$级数.

---

**例 5-2-10**　证明：若级数$\sum_{n=1}^{\infty}u_n(u_n\geqslant 0)$收敛，则级数$\sum_{n=1}^{\infty}u_n^2$也收敛；反之，不成立.

**证**　由于$\sum_{n=1}^{\infty}u_n$收敛，故$\lim\limits_{n\to\infty}u_n=0$. 根据极限的保号性，存在$N_0\in\mathbf{N}_+$，使得当$n>N_0$时有$0\leqslant u_n<1$. 从而，当$n>N_0$时，有$0\leqslant u_n^2\leqslant u_n$. 而级数$\sum_{n=1}^{\infty}u_n$收敛，根据比较原则，级数$\sum_{n=1}^{\infty}u_n^2$也收敛.

反之，不成立，例如，$u_n=\frac{1}{n}$，级数$\sum_{n=1}^{\infty}u_n^2=\sum_{n=1}^{\infty}\frac{1}{n^2}$收敛，但是级数$\sum_{n=1}^{\infty}u_n=\sum_{n=1}^{\infty}\frac{1}{n}$发散.

---

**例 5-2-11**　证明：若级数$\sum_{n=1}^{\infty}u_n^2$和$\sum_{n=1}^{\infty}v_n^2$收敛，则级数$\sum_{n=1}^{\infty}|u_nv_n|$、$\sum_{n=1}^{\infty}(u_n+v_n)^2$和$\sum_{n=1}^{\infty}\frac{|u_n|}{n}$也收敛.

**证**　由于$0\leqslant 2|u_nv_n|\leqslant u_n^2+v_n^2$，根据比较原则，$\sum_{n=1}^{\infty}u_n^2$及$\sum_{n=1}^{\infty}v_n^2$收敛，故$\sum_{n=1}^{\infty}|u_nv_n|$也收敛.

由于$(u_n+v_n)^2=u_n^2+v_n^2+2u_nv_n$，且级数$\sum_{n=1}^{\infty}u_n^2$、$\sum_{n=1}^{\infty}v_n^2$及$\sum_{n=1}^{\infty}u_nv_n$都收敛，故级数$\sum_{n=1}^{\infty}(u_n+v_n)^2$收敛.

设$v_n=\frac{1}{n}$，利用第一个结果可得$\sum_{n=1}^{\infty}|u_nv_n|=\sum_{n=1}^{\infty}\frac{|u_n|}{n}$收敛.

---

**例 5-2-12**　设$\sum_{n=1}^{\infty}u_n$与$\sum_{n=1}^{\infty}v_n$是正项级数，且存在正整数$N_0$，对一切$n>N_0$，有

$$\frac{u_{n+1}}{u_n}\leqslant\frac{v_{n+1}}{v_n}.$$

证明：若级数$\sum_{n=1}^{\infty}v_n$收敛，则级数$\sum_{n=1}^{\infty}u_n$收敛；若级数$\sum_{n=1}^{\infty}u_n$发散，则级数$\sum_{n=1}^{\infty}v_n$发散.

**证** 因为$n>N_0$时，有

$$\frac{u_{n+1}}{u_n}\leqslant\frac{v_{n+1}}{v_n},$$

所以

$$\frac{u_{n+1}}{u_n}\cdot\frac{u_n}{u_{n-1}}\cdot\cdots\cdot\frac{u_{N_0+2}}{u_{N_0+1}}\leqslant\frac{v_{n+1}}{v_n}\cdot\frac{v_n}{v_{n-1}}\cdot\cdots\cdot\frac{v_{N_0+2}}{v_{N_0+1}},$$

即

$$u_{n+1}\leqslant\frac{u_{N_0+1}}{v_{N_0+1}}\cdot v_{n+1}.$$

根据比较原则，若级数$\sum_{n=1}^{\infty}v_n$收敛，则级数$\sum_{n=1}^{\infty}u_n$收敛；若级数$\sum_{n=1}^{\infty}u_n$发散，则级数$\sum_{n=1}^{\infty}v_n$发散.

---

**例 5-2-13** 判别下列正项级数的敛散性.

（1）$\sum_{n=1}^{\infty}\frac{1}{n\sqrt{n+1}}$；（2）$\sum_{n=1}^{\infty}\frac{1}{\sqrt{(2n-1)(2n+1)}}$；

（3）$\sum_{n=2}^{\infty}\frac{1}{\sqrt[n]{\ln n}}$；（4）$\sum_{n=2}^{\infty}\frac{1}{(\ln n)^{\ln n}}$；

（5）$\sum_{n=1}^{\infty}\frac{n^{n-1}}{\left(2n^2+n+1\right)^{\frac{n+1}{2}}}$；（6）$\sum_{n=1}^{\infty}n^2\mathrm{e}^{-\sqrt{n}}$；

（7）$\sum_{n=1}^{\infty}\left(\sqrt[n]{a}-1\right)(a>1)$；（8）$\sum_{n=1}^{\infty}\left(a^{\frac{1}{n}}+a^{-\frac{1}{n}}-2\right)(a>0)$；

（9）$\sum_{n=1}^{\infty}\frac{n^3\left[\sqrt{2}+(-1)^n\right]^n}{3^n}$；（10）$\sum_{n=1}^{\infty}\frac{n\cos^2\frac{n\pi}{3}}{2^n}$；

（11）$\sum_{n=1}^{\infty}\frac{1}{\ln^2\left(\sin\frac{1}{n}\right)}$；（12）$\sum_{n=2}^{\infty}\frac{n^{\ln n}}{(\ln n)^n}$.

**解** （1）由于

$$\frac{1}{n\sqrt{n+1}}<\frac{1}{n^{\frac{3}{2}}},$$

且级数$\sum_{n=1}^{\infty}\frac{1}{n^{\frac{3}{2}}}$收敛，根据比较原则，原级数收敛.

（2）由于

$$\frac{1}{\sqrt{(2n-1)(2n+1)}}>\frac{1}{2n},$$

且级数$\sum_{n=1}^{\infty}\frac{1}{2n}$发散，故原级数发散.

（3）当$n>1$时，$\ln n<n$，于是有

$$\frac{1}{\sqrt[n]{\ln n}}>\frac{1}{\sqrt[n]{n}}.$$

而对级数$\sum_{n=1}^{\infty}\frac{1}{\sqrt[n]{n}}$，由于其一般项的极限

$$\lim_{n\to\infty}\frac{1}{\sqrt[n]{n}}=1\neq 0,$$

故$\sum_{n=1}^{\infty}\frac{1}{\sqrt[n]{n}}$发散. 再根据比较原则，原级数发散.

（4）由于$\ln n$随$n$的增大是严格递增的，因此当$n>\mathrm{e}^{\mathrm{e}^2}$时，$\ln n>\ln \mathrm{e}^{\mathrm{e}^2}=\mathrm{e}^2$，则$(\ln n)^{\ln n}>(\mathrm{e}^2)^{\ln n}=n^2$，从而有

$$\frac{1}{(\ln n)^{\ln n}}<\frac{1}{n^2},$$

而级数$\sum_{n=1}^{\infty}\frac{1}{n^2}$收敛，根据比较原则，原级数收敛.

（5）由于

$$\frac{n^{n-1}}{\left(2n^2+n+1\right)^{\frac{n+1}{2}}}<\frac{n^{n-1}}{\left(n^2\right)^{\frac{n+1}{2}}}=\frac{1}{n^2},$$

且级数$\sum_{n=1}^{\infty}\frac{1}{n^2}$收敛，根据比较原则，原级数收敛.

（6）由于

$$\lim_{n\to\infty}\frac{n^2\mathrm{e}^{-\sqrt{n}}}{\frac{1}{n^2}}=\lim_{n\to\infty}\frac{n^4}{\mathrm{e}^{\sqrt{n}}}=\lim_{t\to+\infty}\frac{t^8}{\mathrm{e}^t}=0,$$

根据比较原则的极限形式，由于$\sum_{n=1}^{\infty}\frac{1}{n^2}$收敛，故原级数收敛.

（7）由于

$$\lim_{n\to\infty}\frac{\sqrt[n]{a}-1}{\frac{1}{n}}=\lim_{t\to 0^+}\frac{a^t-1}{t}=\lim_{t\to 0^+}\frac{a^t\ln a}{1}=\ln a,$$

根据比较原则的极限形式，由于$\sum_{n=1}^{\infty}\frac{1}{n}$发散，因此原级数发散.

（8）由于

$$\lim_{n\to\infty}\frac{a^{\frac{1}{n}}+a^{-\frac{1}{n}}-2}{\frac{1}{n^2}}=\lim_{t\to0^+}\frac{a^t+a^{-t}-2}{t^2}=\lim_{t\to0^+}\frac{a^t\ln a-a^{-t}\ln a}{2t}$$

$$=\lim_{t\to0^+}\frac{a^t(\ln a)^2+a^{-t}(\ln a)^2}{2}=(\ln a)^2,$$

根据比较原则的极限形式，$\sum\limits_{n=1}^{\infty}\frac{1}{n^2}$ 收敛，因此原级数收敛.

（9）由于

$$0<\frac{n^3\left[\sqrt{2}+(-1)^n\right]^n}{3^n}\leqslant\frac{n^3\left(\sqrt{2}+1\right)^n}{3^n},$$

对级数 $\sum\limits_{n=1}^{\infty}\frac{n^3\left(\sqrt{2}+1\right)^n}{3^n}$ 应用达朗贝尔判别法，由于

$$\lim_{n\to\infty}\frac{(n+1)^3\left(\sqrt{2}+1\right)^{n+1}}{3^{n+1}}\cdot\frac{3^n}{n^3\left(\sqrt{2}+1\right)^n}=\lim_{n\to\infty}\frac{\left(\sqrt{2}+1\right)(n+1)^3}{3n^3}=\frac{\sqrt{2}+1}{3}<1,$$

故级数 $\sum\limits_{n=1}^{\infty}\frac{n^3\left(\sqrt{2}+1\right)^n}{3^n}$ 收敛. 再根据比较原则，原级数收敛.

（10）由于

$$0<\frac{n\cos^2\frac{n\pi}{3}}{2^n}\leqslant\frac{n}{2^n},$$

对级数 $\sum\limits_{n=1}^{\infty}\frac{n}{2^n}$ 应用柯西判别法，由于

$$\lim_{n\to\infty}\sqrt[n]{\frac{n}{2^n}}=\frac{1}{2}<1,$$

可得级数 $\sum\limits_{n=1}^{\infty}\frac{n}{2^n}$ 收敛. 再根据比较原则，原级数收敛.

（11）由于

$$\lim_{n\to\infty}\frac{\frac{1}{\ln\left(\sin\frac{1}{n}\right)}}{\frac{1}{\ln\frac{1}{n}}}=\lim_{n\to\infty}\frac{\ln\frac{1}{n}}{\ln\left(\sin\frac{1}{n}\right)}$$

$$=\lim_{t\to0^+}\frac{\ln t}{\ln(\sin t)}$$

$$=\lim_{t\to0^+}\frac{\frac{1}{t}}{\frac{\cos t}{\sin t}}=1,$$

因此

$$\sum_{n=1}^{\infty}\frac{1}{\ln^2\left(\sin\frac{1}{n}\right)} \text{与} \sum_{n=1}^{\infty}\frac{1}{\ln^2\left(\frac{1}{n}\right)}$$

有相同的敛散性，而由于

$$\begin{aligned}
\lim_{n\to\infty}\frac{\frac{1}{\ln^2\left(\frac{1}{n}\right)}}{\frac{1}{n}} &= \lim_{t\to 0^+}\frac{\frac{1}{\ln^2 t}}{t}\\
&= \lim_{t\to 0^+}\frac{\frac{1}{t}}{\ln^2 t}\\
&= \lim_{t\to 0^+}\frac{-\frac{1}{t^2}}{2\frac{1}{t}\ln t}\\
&= \lim_{t\to 0^+}\frac{-\frac{1}{t}}{2\ln t}\\
&= \lim_{t\to 0^+}\frac{\frac{1}{t^2}}{2\frac{1}{t}} = \lim_{t\to 0^+}\frac{1}{2t} = +\infty,
\end{aligned}$$

并且$\sum\limits_{n=1}^{\infty}\frac{1}{n}$发散，根据比较原则可得$\sum\limits_{n=1}^{\infty}\frac{1}{\ln^2\left(\frac{1}{n}\right)}$发散，从而原级数发散.

（12）令

$$u_n = \frac{n^{\ln n}}{(\ln n)^n} = \frac{e^{(\ln n)^2}}{e^{n\ln(\ln n)}} = e^{-\left[\ln(\ln n)-\ln^2 n\right]},$$

由于

$$\begin{aligned}
\lim_{n\to\infty}\frac{n\ln(\ln n)-\ln^2 n}{n} &= \lim_{x\to+\infty}\frac{x\ln(\ln x)-\ln^2 x}{x}\\
&= \lim_{x\to+\infty}\frac{\ln(\ln x)+\frac{1}{\ln x}-2\frac{\ln x}{x}}{1} = +\infty,
\end{aligned}$$

故$\exists N_0\in\mathbf{N}_+$，使得当$n\geqslant N_0$时，有

$$n\ln(\ln n)-\ln^2 n\geqslant An,$$

式中，$A$为大于0的常数，从而有

$$\frac{u_n}{\frac{1}{n^2}}=\frac{n^2}{\mathrm{e}^{n\ln(\ln n)-\ln^2 n}}\leqslant\frac{n^2}{\mathrm{e}^{An}}\to 0\qquad(n\to\infty).$$

于是，$\exists N_1\in\mathbf{N}_+$，使得当 $n\geqslant N_1$ 时，有 $u_n\leqslant B\dfrac{1}{n^2}$（$B$ 为常数）. 又由于级数 $\sum\limits_{n=2}^{\infty}\dfrac{1}{n^2}$ 收敛，根据比较原则，原级数收敛.

## 2. 积分判别法

**【要点】** 积分判别法是指利用非负函数的单调性和积分性质，并以反常积分为比较对象来判断正项级数的敛散性.

设 $f(x)$ 为 $[1,+\infty)$ 上的减函数，则级数 $\sum\limits_{n=1}^{\infty}f(n)$ 收敛的充分必要条件是反常积分 $\int_1^{+\infty}f(x)\mathrm{d}x$ 收敛.

**例 5-2-14** 讨论下列级数的敛散性.

（1）$\sum\limits_{n=2}^{\infty}\dfrac{1}{n(\ln n)^p}$；

（2）$\sum\limits_{n=3}^{\infty}\dfrac{1}{n\ln n(\ln\ln n)^p}$.

**解** （1）考虑反常积分的敛散性：

$$\int_2^{+\infty}\frac{1}{x(\ln x)^p}\mathrm{d}x=\int_2^{+\infty}\frac{1}{(\ln x)^p}\mathrm{d}\ln x=\int_{\ln 2}^{+\infty}\frac{1}{u^p}\mathrm{d}u,$$

当 $p>1$ 时收敛，当 $p\leqslant 1$ 时发散.

根据积分判别法，当 $p>1$ 时级数 $\sum\limits_{n=2}^{\infty}\dfrac{1}{n(\ln n)^p}$ 收敛，当 $p\leqslant 1$ 时发散.

（2）考虑反常积分的敛散性：

$$\int_3^{+\infty}\frac{1}{x(\ln x)(\ln\ln x)^p}\mathrm{d}x=\int_3^{+\infty}\frac{1}{\ln x(\ln\ln x)^p}\mathrm{d}\ln x=\int_{\ln 3}^{+\infty}\frac{1}{u(\ln u)^p}\mathrm{d}u.$$

由（1）的结论可得，当 $p>1$ 时级数 $\sum\limits_{n=3}^{\infty}\dfrac{1}{n\ln n(\ln\ln n)^p}$ 收敛，当 $p\leqslant 1$ 时发散.

**例 5-2-15**　讨论级数$\sum\limits_{n=3}^{\infty}\dfrac{1}{n(\ln n)^p(\ln\ln n)^q}$的敛散性.

**解**　根据积分判别法，考虑反常积分$\displaystyle\int_3^{+\infty}\frac{1}{x(\ln x)^p(\ln\ln x)^q}\mathrm{d}x$的敛散性.

若$p=1$，则此时根据例 5-2-14（2）的结果可得，当$q>1$时收敛，当$q\leqslant 1$时发散.

若$p\neq 1$，则

$$\begin{aligned}\int_3^{+\infty}\frac{1}{x(\ln x)^p(\ln\ln x)^q}\mathrm{d}x&=\int_3^{+\infty}\frac{1}{(\ln x)^p(\ln\ln x)^q}\mathrm{d}\ln x\\&=\int_{\ln 3}^{+\infty}\frac{1}{u^p(\ln u)^q}\mathrm{d}u.\end{aligned}$$

（1）当$p>1$时，选充分小的正数$\varepsilon$使得$p-\varepsilon>1$.

若$q\geqslant 0$，由于

$$\lim_{u\to+\infty}u^{p-\varepsilon}\frac{1}{u^p(\ln u)^q}=\lim_{u\to+\infty}\frac{1}{u^{\varepsilon}(\ln u)^q}=0,$$

根据无穷积分比较原则的极限形式，反常积分$\displaystyle\int_{\ln 3}^{+\infty}\frac{1}{u^p(\ln u)^q}\mathrm{d}u$收敛，则根据积分判别法，原级数收敛.

若$q<0$，记$r=-q>0$，此时

$$\begin{aligned}\lim_{u\to+\infty}u^{p-\varepsilon}\frac{1}{u^p(\ln u)^q}&=\lim_{u\to+\infty}\frac{(\ln u)^r}{u^{\varepsilon}}\\&=\lim_{u\to+\infty}\frac{r(\ln u)^{r-1}}{\varepsilon u^{\varepsilon}}\\&=\cdots=0,\end{aligned}$$

根据无穷积分比较原则的极限形式，反常积分$\displaystyle\int_{\ln 3}^{+\infty}\frac{1}{u^p(\ln u)^q}\mathrm{d}u$收敛，则根据积分判别法，原级数收敛.

（2）当$p<1$时，选充分小的正数$\varepsilon$使得$p+\varepsilon<1$.

若$q\geqslant 0$，由于

$$\begin{aligned}\lim_{u\to+\infty}u^{p+\varepsilon}\frac{1}{u^p(\ln u)^q}&=\lim_{u\to+\infty}\frac{u^{\varepsilon}}{(\ln u)^q}\\&=\lim_{u\to+\infty}\frac{\varepsilon u^{\varepsilon}}{q(\ln u)^{q-1}}\\&=\cdots=+\infty,\end{aligned}$$

根据无穷积分比较原则的极限形式，反常积分$\displaystyle\int_{\ln 3}^{+\infty}\frac{1}{u^p(\ln u)^q}\mathrm{d}u$发散，则根据积分判别法，原级数发散.

若 $q<0$，记 $r=-q>0$，此时

$$\begin{aligned}\lim_{u\to+\infty}u^{p+\varepsilon}\frac{1}{u^{p}(\ln u)^{q}}&=\lim_{u\to+\infty}\frac{(\ln u)^{r}}{u^{\varepsilon}}\\&=\lim_{u\to+\infty}\frac{r(\ln u)^{r-1}}{\varepsilon u^{\varepsilon}}\\&=\cdots=0,\end{aligned}$$

根据无穷积分比较原则的极限形式，反常积分 $\int_{\ln 3}^{+\infty}\frac{1}{u^{p}(\ln u)^{q}}\mathrm{d}u$ 收敛，则根据积分判别法，原级数收敛.

综上所述，当 $p>1$ 时，原级数收敛；当 $p=1$ 时，若 $q>1$，则原级数收敛，若 $q\leqslant 1$，则原级数发散；当 $p<1$ 时，原级数发散.

---

**例 5-2-16** 讨论下列级数的敛散性.

（1）$\sum_{n=1}^{\infty}n\left(1-\cos\frac{1}{n}\right)$；　　（2）$\sum_{n=2}^{\infty}\frac{1}{n\ln^{3}n}$.

**解** （1）根据比较原则的极限形式，由于

$$\begin{aligned}\lim_{n\to\infty}\frac{n\left(1-\cos\frac{1}{n}\right)}{\frac{1}{n}}&=\lim_{n\to\infty}\frac{n2\sin^{2}\frac{1}{2n}}{\frac{1}{n}}\\&=\lim_{n\to\infty}\frac{2\left(\frac{1}{2n}\right)^{2}}{\frac{1}{n^{2}}}=\frac{1}{2},\end{aligned}$$

并且 $\sum_{n=1}^{\infty}\frac{1}{n}$ 发散，因此原级数发散.

（2）由于反常积分

$$\int_{2}^{+\infty}\frac{1}{x\ln^{3}x}\mathrm{d}x=\int_{2}^{+\infty}\frac{1}{\ln^{3}x}\mathrm{d}(\ln x)=\int_{\ln 2}^{+\infty}\frac{1}{u^{3}}\mathrm{d}u$$

收敛，根据积分判别法，原级数收敛.

**注：** 关于正项级数的判别方法，总结如下.

① 由正项级数一般项自身性质进行判别的方法如下：

i）部分和数列有界；

ii）达朗贝尔判别法（比式判别法）；

iii）柯西判别法（根式判别法）；

iv）拉贝判别法.

② 借助已有的敛散结果进行判别的方法如下：

i）比较原则；

ii）积分判别法.

在使用的过程中，先观察级数一般项的特点，如果能够通过正项级数自身性质进行判别最为方便；如果此方法失效，则借助已有的敛散结果进行判别，最终实现正项级数敛散性的判别.

## 习题 5-2

**5-2-1**　设 $a_n>0$，$\{a_n-a_{n+1}\}$ 为严格递减的数列. 如果 $\sum\limits_{n=1}^{\infty}a_n$ 收敛，求证：

$$\lim_{n\to\infty}\left(\frac{1}{a_{n+1}}-\frac{1}{a_n}\right)=+\infty.$$

**5-2-2**　用比较原则讨论下列级数的敛散性.

（1）$\sum\limits_{n=1}^{\infty}\dfrac{1}{3n^2+5}$；　（2）$\sum\limits_{n=1}^{\infty}\dfrac{1}{n2^n}$；

（3）$\sum\limits_{n=1}^{\infty}\left(\dfrac{n^2}{3n^2+1}\right)^n$；　（4）$\sum\limits_{n=1}^{\infty}\dfrac{1}{n}\sin\dfrac{1}{n}$；

（5）$\sum\limits_{n=1}^{\infty}\dfrac{n+1}{n(n+2)}$；　（6）$\sum\limits_{n=1}^{\infty}\dfrac{1}{n^{1+\left(\frac{1}{n}\right)}}$；

（7）$\sum\limits_{n=3}^{\infty}\dfrac{1}{\ln n^{\ln\ln n}}$；　（8）$\sum\limits_{n=1}^{\infty}\left(n\ln\dfrac{2n+1}{2n-1}-1\right)$；

（9）$\sum\limits_{n=1}^{\infty}\left(n^{\frac{1}{n^2+1}}-1\right)$；　（10）$\sum\limits_{n=1}^{\infty}\left(\dfrac{1}{\sqrt{n}}-\sqrt{\ln\dfrac{n+1}{n}}\right)$.

**5-2-3**　设 $\sum\limits_{n=1}^{\infty}a_n$ 是发散的正项级数. 讨论 $\sum\limits_{n=1}^{\infty}\dfrac{a_n}{1+a_n^2}$ 和 $\sum\limits_{n=1}^{\infty}\dfrac{a_n}{1+na_n}$ 的敛散性.

**5-2-4**　讨论下列级数的敛散性.

（1）$\sum\limits_{n=1}^{\infty}n\tan\dfrac{\pi}{2^{n+1}}$；　（2）$\sum\limits_{n=1}^{\infty}\dfrac{n^2}{3^n}$；

（3）$\sum\limits_{n=1}^{\infty}\dfrac{n^5}{3^n}\left(\sqrt{3}+(-1)^n\right)^n$；　（4）$\sum\limits_{n=1}^{\infty}\dfrac{n^2}{\left(1+\dfrac{1}{n}\right)^n}$；

（5）$\sum\limits_{n=1}^{\infty}\dfrac{x^n}{n!}(x\geqslant 0)$；　（6）$\sum\limits_{n=1}^{\infty}\left(\dfrac{n-4}{3n+1}\right)^n$.

**5-2-5**　利用拉贝判别法讨论级数

$$\sum_{n=1}^{\infty}\frac{\sqrt{n!}}{(a+\sqrt{1})(a+\sqrt{2})\cdots(a+\sqrt{n})}\qquad(a>0)$$

的敛散性.

## 5.3 某些特殊类型的一般项级数敛散性的判别方法

对一般项级数（各项符号发生变化）而言，其收敛性质分为绝对收敛（各项绝对值的级数收敛，此时为正项级数）和条件收敛（级数本身收敛，但不是绝对收敛），而且绝对收敛必收敛. 对一般项级数的敛散性，见前边讨论，可以根据级数收敛的定义、性质及柯西准则进行判别. 除此之外，对某些特殊类型的一般项级数，还可以用下边将要介绍的只针对交错级数的莱布尼茨判别法以及某些特殊类型的狄利克雷判别法和阿贝尔判别法.

### 5.3.1 针对交错级数的莱布尼茨判别法

**【要点】** 若级数的各项符号正负相间，即

$$u_1-u_2+u_3-u_4+\cdots+(-1)^{n+1}u_n+\cdots \qquad (u_n>0,\ n=1,2,\cdots),$$

则称为交错级数. 对交错级数，有下面的判别方法.

若上述交错级数满足下面的条件：

（1）数列 $\{u_n\}$ 单调递减；

（2）$\lim\limits_{n\to\infty}u_n=0$.

则交错级数收敛.

对一般项级数（包括交错级数），在判别其敛散性时，收敛性质应给出是绝对收敛还是条件收敛，绝对收敛的判别方法可以用正项级数的判别方法. 而一旦判别为绝对收敛，则其具有下面的性质.

**性质 5.3.1** 若一般项级数 $\sum\limits_{n=1}^{\infty}u_n$ 绝对收敛，则任意重排后所得到的级数也绝对收敛，并且具有相同的和数.

**性质 5.3.2** 若一般项级数 $\sum\limits_{n=1}^{\infty}u_n$ 和 $\sum\limits_{n=1}^{\infty}v_n$ 分别绝对收敛于 $A$ 和 $B$，则对两级数中各项的乘积 $u_iv_j$ 按任意顺序排列作和所得到的级数 $\sum\limits_{n=1}^{\infty}w_n$ 也绝对收敛，且其和等于 $AB$.

**例 5-3-1** 判别下列级数是绝对收敛、条件收敛还是发散？

（1）$\sum\limits_{n=1}^{\infty}(-1)^n\dfrac{n}{n+1}$；（2）$\sum\limits_{n=1}^{\infty}\dfrac{(-1)^n}{n^{p+\frac{1}{n}}}$；

（3）$\sum\limits_{n=1}^{\infty}(-1)^n\sin\dfrac{2}{n}$；（4）$\sum\limits_{n=1}^{\infty}\dfrac{(-1)^n\ln(n+1)}{n+1}$；

（5）$1+\dfrac{1}{2}+\dfrac{1}{3}-\dfrac{1}{4}-\dfrac{1}{5}-\dfrac{1}{6}+\cdots$；（6）$1+\dfrac{1}{2}-\dfrac{1}{3}+\dfrac{1}{4}+\dfrac{1}{5}-\dfrac{1}{6}+\cdots$.

**解** （1）原级数显然是交错级数，但是由于一般项 $(-1)^n\dfrac{n}{n+1}$ 的极限不为 0，因此原级数发散.

（2）原级数为交错级数，下面关于参数 $p$ 分情况讨论.

① 当 $p>1$ 时，由于

$$\sum_{n=1}^{\infty}\left|\frac{(-1)^n}{n^{p+\frac{1}{n}}}\right|=\sum_{n=1}^{\infty}\frac{1}{n^{p+\frac{1}{n}}},$$

根据正项级数的比较原则的极限形式，有

$$\lim_{n\to\infty}\frac{\frac{1}{n^{p+\frac{1}{n}}}}{\frac{1}{n^p}}=\lim_{n\to\infty}\frac{1}{\sqrt[n]{n}}=1.$$

因为 $\sum\limits_{n=1}^{\infty}\frac{1}{n^p}$ 收敛，所以级数 $\sum\limits_{n=1}^{\infty}\frac{1}{n^{p+\frac{1}{n}}}$ 收敛，故原级数 $\sum\limits_{n=1}^{\infty}\frac{(-1)^n}{n^{p+\frac{1}{n}}}$ 绝对收敛.

② 当 $0<p\leqslant 1$ 时，由于

$$\sum_{n=1}^{\infty}\left|\frac{(-1)^n}{n^{p+\frac{1}{n}}}\right|=\sum_{n=1}^{\infty}\frac{1}{n^{p+\frac{1}{n}}},$$

根据正项级数的比较原则的极限形式，有

$$\lim_{n\to\infty}\frac{\frac{1}{n^{p+\frac{1}{n}}}}{\frac{1}{n^p}}=\lim_{n\to\infty}\frac{1}{\sqrt[n]{n}}=1.$$

因为 $\sum\limits_{n=1}^{\infty}\frac{1}{n^p}$ 发散，所以级数 $\sum\limits_{n=1}^{\infty}\frac{1}{n^{p+\frac{1}{n}}}$ 发散，故原级数 $\sum\limits_{n=1}^{\infty}\frac{(-1)^n}{n^{p+\frac{1}{n}}}$ 不绝对收敛.

显然，原级数 $\sum\limits_{n=1}^{\infty}\frac{(-1)^n}{n^{p+\frac{1}{n}}}$ 为交错级数. 根据莱布尼茨判别法，由于一般项 $\frac{1}{n^{p+\frac{1}{n}}}$ 单调递减且极限为 0，因此 $\sum\limits_{n=1}^{\infty}\frac{(-1)^n}{n^{p+\frac{1}{n}}}$ 是收敛的，为条件收敛.

③ 当 $p\leqslant 0$ 时，$-p\geqslant 0$，此时一般项为

$$\frac{(-1)^n n^{-p}}{n^{\frac{1}{n}}},$$

显然其极限不为 0，从而原级数发散.

（3）当 $n\geqslant 1$ 时，$\sum\limits_{n=1}^{\infty}(-1)^n\sin\frac{2}{n}$ 为交错级数，由于一般项 $\sin\frac{2}{n}$ 单调递减且极限为 0，根据莱布尼茨判别法，原级数是收敛的. 但由于

$$\sum_{n=1}^{\infty}\left|(-1)^n\sin\frac{2}{n}\right|=\sum_{n=1}^{\infty}\sin\frac{2}{n},$$

根据正项级数比较原则的极限形式，有

$$\lim_{n\to\infty}\frac{\sin\frac{2}{n}}{\frac{2}{n}}=1,$$

并且$\sum\limits_{n=1}^{\infty}\frac{2}{n}$发散，$\sum\limits_{n=1}^{\infty}\sin\frac{2}{n}$发散，故原级数$\sum\limits_{n=1}^{\infty}(-1)^n\sin\frac{2}{n}$条件收敛.

（4）显然$\sum\limits_{n=1}^{\infty}\frac{(-1)^n\ln(n+1)}{n+1}$为交错级数，需要判别一般项$u_n=\frac{\ln(n+1)}{n+1}$的性质.

设$f(t)=\frac{\ln t}{t}(t\geqslant 2)$，$f'(t)=\frac{1-\ln t}{t^2}$. 当$t>\mathrm{e}$时，$f'(t)=\frac{1-\ln t}{t^2}<0$，则当$t\geqslant 3$时$f(t)=\frac{\ln t}{t}$是严格递减的，且

$$\lim_{n\to\infty}\frac{\ln(n+1)}{n+1}=\lim_{t\to\infty}\frac{\ln t}{t}=\lim_{t\to\infty}\frac{1}{t}=0,$$

根据莱布尼茨判别法，级数$\sum\limits_{n=1}^{\infty}\frac{(-1)^n\ln(n+1)}{n+1}$收敛；但由于

$$\sum_{n=1}^{\infty}\left|\frac{(-1)^n\ln(n+1)}{n+1}\right|=\sum_{n=1}^{\infty}\frac{\ln(n+1)}{n+1},$$

根据正项级数比较原则的极限形式，有

$$\lim_{n\to\infty}\frac{\frac{\ln(n+1)}{n+1}}{\frac{1}{n+1}}=\lim_{n\to\infty}\ln(n+1)=+\infty,$$

而$\sum\limits_{n=1}^{\infty}\frac{1}{n+1}$发散，因此$\sum\limits_{n=1}^{\infty}\frac{\ln(n+1)}{n+1}$发散，故原级数$\sum\limits_{n=1}^{\infty}\frac{(-1)^n\ln(n+1)}{n+1}$条件收敛.

（5）原级数

$$1+\frac{1}{2}+\frac{1}{3}-\frac{1}{4}-\frac{1}{5}-\frac{1}{6}+\cdots$$

可以写为

$$1+\frac{1}{2}+\frac{1}{3}-\frac{1}{4}-\frac{1}{5}-\frac{1}{6}+\cdots=\sum_{n=1}^{\infty}(-1)^{n+1}\left(\frac{1}{n}+\frac{1}{n+1}+\frac{1}{n+2}\right).$$

可将其视为交错级数，一般项为$\frac{1}{n}+\frac{1}{n+1}+\frac{1}{n+2}$，单调递减且极限为0，根据莱布尼茨判别法，原级数收敛；但是，由其各项绝对值构成的级数为$\sum\limits_{n=1}\frac{1}{n}$，是发散的. 因此，原级数条件收敛.

（6）原级数

$$1+\frac{1}{2}-\frac{1}{3}+\frac{1}{4}+\frac{1}{5}-\frac{1}{6}+\cdots$$

加括号后变为

$$1+\left(\frac{1}{2}-\frac{1}{3}\right)+\frac{1}{4}+\left(\frac{1}{5}-\frac{1}{6}\right)+\cdots=1+\frac{1}{6}+\frac{1}{4}+\frac{1}{30}+\cdots,$$

显然该级数是发散的，故根据级数收敛的性质，原级数发散.

**例 5-3-2**　运用绝对收敛的性质求级数

$$1+\frac{1}{2}-\frac{1}{4}+\frac{1}{8}+\frac{1}{16}-\frac{1}{32}+\cdots$$

的和.

**解**　显然原级数 $1+\frac{1}{2}-\frac{1}{4}+\frac{1}{8}+\frac{1}{16}-\frac{1}{32}+\cdots$ 各项绝对值构成的级数为 $\sum_{n=0}^{\infty}\frac{1}{2^{n-1}}$，收敛，因此原级数绝对收敛. 根据绝对收敛的性质，对原级数进行重排后的部分和为

$$\begin{aligned}S_{3n}&=\left(1+\frac{1}{2^3}+\frac{1}{2^6}+\cdots+\frac{1}{2^{3n-3}}\right)+\left(\frac{1}{2}+\frac{1}{2^4}+\cdots+\frac{1}{2^{3n-2}}\right)+\left(\frac{1}{2^2}+\frac{1}{2^5}+\cdots+\frac{1}{2^{3n-1}}\right)\\&=\frac{1-\frac{1}{2^{3n}}}{1-\frac{1}{2^3}}+\frac{1}{2}\times\frac{1-\frac{1}{2^{3n}}}{1-\frac{1}{2^3}}-\frac{1}{2^2}\times\frac{1-\frac{1}{2^{3n}}}{1-\frac{1}{2^3}}\\&=\left(1+\frac{1}{2}-\frac{1}{2^2}\right)\times\frac{1-\frac{1}{2^{3n}}}{1-\frac{1}{2^3}}\\&=\frac{5}{4}\times\frac{1-\frac{1}{2^{3n}}}{1-\frac{1}{2^3}},\end{aligned}$$

从而得到原级数的和

$$S=\lim_{n\to\infty}S_{3n}=\lim_{n\to\infty}\frac{5}{4}\frac{1-\frac{1}{2^{3n}}}{1-\frac{1}{2^3}}=\frac{10}{7}.$$

**例 5-3-3**　已知级数 $\sum_{n=1}^{\infty}\frac{(-1)^{n+1}}{n}=\ln 2$，把各项重排成下列级数，并分别求和.

（1）$1+\frac{1}{3}-\frac{1}{2}+\frac{1}{5}+\frac{1}{7}-\frac{1}{4}+\cdots$；　　（2）$1-\frac{1}{2}-\frac{1}{4}+\frac{1}{3}-\frac{1}{6}-\frac{1}{8}+\cdots$.

**解**　（1）考虑部分和 $S_m$. 当 $m=3n$ 时，有

$$\begin{aligned}S_{3n}&=1+\frac{1}{3}-\frac{1}{2}+\frac{1}{5}+\frac{1}{7}-\frac{1}{4}+\cdots+\frac{1}{4n-3}+\frac{1}{4n-1}-\frac{1}{2n}\\&=\left(1+\frac{1}{3}+\frac{1}{5}+\cdots+\frac{1}{4n-3}+\frac{1}{4n-1}\right)-\left(\frac{1}{2}+\frac{1}{4}+\cdots+\frac{1}{2n}\right)\\&=\left(1+\frac{1}{2}+\frac{1}{3}+\frac{1}{5}+\cdots+\frac{1}{4n-1}+\frac{1}{4n}\right)-\frac{1}{2}\left(1+\frac{1}{2}+\cdots+\frac{1}{2n}\right)-\left(\frac{1}{2}+\frac{1}{4}+\cdots+\frac{1}{2n}\right).\end{aligned}$$

记$\sigma_n=1+\frac{1}{2}+\cdots+\frac{1}{n}$，$l_n=1-\frac{1}{2}+\frac{1}{3}-\frac{1}{4}+\cdots+(-1)^{n-1}\frac{1}{n}$，则

$$l_{2n}=\sigma_{2n}-\sigma_n，\ l_{4n}=\sigma_{4n}-\sigma_{2n}，$$

且

$$S_{3n}=\sigma_{4n}-\frac{1}{2}\sigma_{2n}-\frac{1}{2}\sigma_n=(\sigma_{4n}-\sigma_{2n})-\frac{1}{2}(\sigma_{2n}-\sigma_n)=l_{4n}+\frac{1}{2}l_{2n}.$$

由于$\lim\limits_{n\to\infty}l_{4n}=\lim\limits_{n\to\infty}l_{2n}=\ln 2$，因此$\lim\limits_{n\to\infty}S_{3n}=\ln 2+\frac{1}{2}\ln 2=\frac{3}{2}\ln 2$.

易证，当$m=3n+1$，$m=3n+2$时，有$S_{3n+1}=S_{3n}+o\left(\frac{1}{n}\right)$，$S_{3n+2}=S_{3n}+o\left(\frac{1}{n}\right)$，当$n\to\infty$时，它们的极限与$S_{3n}$相同，从而$\lim\limits_{m\to\infty}S_m=\frac{3}{2}\ln 2$，即原级数收敛，且其和为$\frac{3}{2}\ln 2$.

（2）考虑部分和

$$\begin{aligned}S_{3n}&=1-\frac{1}{2}-\frac{1}{4}+\frac{1}{3}-\frac{1}{6}-\frac{1}{8}+\cdots+\frac{1}{2n-1}+\frac{1}{4n-2}-\frac{1}{4n}\\&=\left(1+\frac{1}{3}+\cdots+\frac{1}{2n-1}\right)-\left(\frac{1}{2}+\frac{1}{4}+\cdots+\frac{1}{4n}\right)\\&=\left(1+\frac{1}{2}+\frac{1}{3}+\cdots+\frac{1}{2n-1}+\frac{1}{2n}\right)-\left(\frac{1}{2}+\frac{1}{4}+\cdots+\frac{1}{2n}\right)-\left(\frac{1}{2}+\frac{1}{4}+\cdots+\frac{1}{4n}\right)\\&=\sigma_{2n}-\frac{1}{2}\sigma_n-\frac{1}{2}\sigma_{2n}=\frac{1}{2}\sigma_{2n}-\frac{1}{2}\sigma_n=\frac{1}{2}l_{2n}\end{aligned}$$

于是，$\lim\limits_{n\to\infty}S_{3n}=\frac{1}{2}\ln 2$. 类似地，有$S_{3n+1}=S_{3n}+o\left(\frac{1}{n}\right)$，$S_{3n+2}=S_{3n}+o\left(\frac{1}{n}\right)$，当$n\to\infty$时，它们的极限与$S_{3n}$相同，从而$\lim\limits_{m\to\infty}S_m=\frac{1}{2}\ln 2$，即原级数收敛，且其和为$\frac{1}{2}\ln 2$.

---

**例 5-3-4** 试将条件收敛的级数$\sum\limits_{n=1}^{\infty}\frac{(-1)^{n+1}}{\sqrt{n}}$重排后使它成为发散的级数.

**解** 由莱布尼茨判别法易证$\sum\limits_{n=1}^{\infty}\frac{(-1)^{n+1}}{\sqrt{n}}$收敛，但是$\sum\limits_{n=1}^{\infty}\left|\frac{(-1)^{n+1}}{\sqrt{n}}\right|=\sum\limits_{n=1}^{\infty}\frac{1}{\sqrt{n}}$发散，因此原级数条件收敛.

将原级数进行重排，先取两个正项，然后取一个负项，得到

$$1+\frac{1}{\sqrt{3}}-\frac{1}{\sqrt{2}}+\frac{1}{\sqrt{5}}+\frac{1}{\sqrt{7}}-\frac{1}{\sqrt{4}}+\cdots+\frac{1}{\sqrt{4n-3}}+\frac{1}{\sqrt{4n-1}}-\frac{1}{\sqrt{2n}}+\cdots,$$

由于一般项为

$$\frac{1}{\sqrt{4n-3}}+\frac{1}{\sqrt{4n-1}}-\frac{1}{\sqrt{2n}}>\frac{1}{\sqrt{4n}}+\frac{1}{\sqrt{4n}}-\frac{1}{\sqrt{2n}}=\frac{\sqrt{2}-1}{\sqrt{2n}}>0\quad(n=1,2,\cdots),$$

且级数

$$\sum_{n=1}^{\infty}\frac{\sqrt{2}-1}{\sqrt{2n}}=\sum_{n=1}^{\infty}\left(\frac{\sqrt{2}-1}{\sqrt{2}}\right)\frac{1}{\sqrt{n}}$$

发散，因此重排后的级数

$$\sum_{n=1}^{\infty}\left(\frac{1}{\sqrt{4n-3}}+\frac{1}{\sqrt{4n-1}}-\frac{1}{\sqrt{2n}}\right)$$

发散. 本例说明，条件收敛的级数重排后可以改变其敛散性.

## 5.3.2　针对某些特殊类型的一般项级数的阿贝尔判别法和狄利克雷判别法

**【要点】**　若一般项级数 $\sum_{n=1}^{\infty}u_n$ 的一般项 $u_n$ 可以分解为 $u_n=a_nb_n$，则关于级数

$$\sum_{n=1}^{\infty}u_n=\sum_{n=1}^{\infty}a_nb_n=a_1b_1+a_2b_2+\cdots+a_nb_n+\cdots,$$

可以使用阿贝尔判别法和狄利克雷判别法.

（1）阿贝尔判别法：若 $\{a_n\}$ 为单调有界数列，且级数 $\sum_{n=1}^{\infty}b_n$ 收敛，则级数 $\sum_{n=1}^{\infty}a_nb_n$ 收敛.

（2）狄利克雷判别法：若 $\{a_n\}$ 为单调有界数列，且 $\lim\limits_{n\to\infty}a_n=0$，又级数 $\sum_{n=1}^{\infty}b_n$ 的部分和数列有界，则级数 $\sum_{n=1}^{\infty}a_nb_n$ 收敛.

**例 5-3-5**　判断下列级数的敛散性.

（1）$\sum_{n=1}^{\infty}a_n\cos nx$，$\{a_n\}$ 单调递减且 $\lim\limits_{n\to\infty}a_n=0$，$x\in(0,2\pi)$；

（2）$\sum_{n=1}^{\infty}\frac{(-1)^n}{n}\cdot\frac{x^n}{1+x^n}(x>0)$.

**解**　（1）由于

$$\begin{aligned}&2\sin\frac{x}{2}\left(\frac{1}{2}+\sum_{k=1}^{\infty}\cos kx\right)\\&=\sin\frac{x}{2}+\left(\sin\frac{3x}{2}-\sin\frac{x}{2}\right)+\cdots+\left[\sin\left(n+\frac{1}{2}\right)x-\sin\left(n-\frac{1}{2}\right)x\right]\\&=\sin\left(n+\frac{1}{2}\right)x,\end{aligned}$$

当 $x\in(0,2\pi)$ 时，$\sin\frac{x}{2}\neq0$，故

$$\frac{1}{2}+\sum_{n=1}^{\infty}\cos kx=\frac{\sin\left(n+\frac{1}{2}\right)x}{2\sin\frac{x}{2}}.$$

由此可以看出，对级数 $\sum_{n=1}^{\infty}\cos nx$，当 $x\in(0,2\pi)$ 时，其部分和数列有界，而由于 $\{a_n\}$ 单调递减

且 $\lim\limits_{n\to\infty} a_n = 0$，根据狄利克雷判别法可以得到 $\sum\limits_{n=1}^{\infty} a_n \cos nx$ 收敛. 类似地，可以得到，级数 $\sum\limits_{n=1}^{\infty} a_n \sin nx$ 在 $x \in (0, 2\pi)$ 时也收敛. 取 $a_n = \dfrac{1}{n}$，可得级数 $\sum\limits_{n=1}^{\infty} \dfrac{\sin nx}{n}$ 和 $\sum\limits_{n=1}^{\infty} \dfrac{\cos nx}{n}$ 在 $x \in (0, 2\pi)$ 时均收敛.

（2）当 $x = 1$ 时，原级数变为 $\sum\limits_{n=1}^{\infty} \dfrac{(-1)^n}{2n}$，是交错级数，故收敛；

当 $x \neq 1$ 时，取 $b_n = \dfrac{(-1)^n}{n}$，显然

$$\sum_{n=1}^{\infty} b_n = \sum_{n=1}^{\infty} \frac{(-1)^n}{n}$$

收敛；

取 $a_n = \dfrac{x^n}{1 + x^n}$，显然当 $x > 0$ 时，$0 < \dfrac{x^n}{1 + x^n} < 1$，即 $\{a_n\}$ 有界.

下面来讨论 $\{a_n\}$ 是否为单调数列.

i）当 $0 < x < 1$ 时，$x^{n+1} < x^n$，则 $x^{n+1} + x^{2n+1} < x^n + x^{2n+1}$，整理后得到

$$\frac{x^{n+1}}{1 + x^{n+1}} < \frac{x^n}{1 + x^n},$$

因此 $\{a_n\}$ 严格单调递减且有界；

ii）当 $x > 1$ 时，$x^{n+1} > x^n$，则 $x^{n+1} + x^{2n+1} > x^n + x^{2n+1}$，整理后得到

$$\frac{x^{n+1}}{1 + x^{n+1}} > \frac{x^n}{1 + x^n},$$

因此 $\{a_n\}$ 严格单调递增且有界.

综上所述，根据阿贝尔判别法，当 $x > 0$ 但 $x \neq 1$ 时，级数 $\sum\limits_{n=1}^{\infty} \dfrac{(-1)^n}{n} \cdot \dfrac{x^n}{1 + x^n}$ 收敛.

**注：** 常数项级数敛散性的判别方法见表 5.3.1.

**表 5.3.1　常数项级数敛散性的判别方法**

| 级　　数 | 级数类型 | 敛　散　性 | 判别方法 |
|---|---|---|---|
| 常数项级数 $\sum\limits_{n=1}^{\infty} u_n$ | 正项级数 $\sum\limits_{n=1}^{\infty} u_n$ | 收敛或发散 | 利用常数项级数收敛定义 |
| | | | 利用常数项级数收敛的柯西准则 |
| | | | 利用常数项级数收敛性质 |
| | | | 利用部分和数列有界 |
| | | | 达朗贝尔判别法（比式判别法） |
| | | | 柯西判别法（根式判别法） |
| | | | 拉贝判别法 |
| | | | 比较原则 |
| | | | 积分判别法 |

续表

| 级 数 | 级数类型 | 敛 散 性 | 判别方法 |
|---|---|---|---|
| 常数项级数 $\sum\limits_{n=1}^{\infty} u_n$ | 一般项级数 $\sum\limits_{n=1}^{\infty} u_n$ | 绝对收敛：$\sum\limits_{n=1}^{\infty} \lvert u_n \rvert$ 收敛 | 利用常数项级数收敛定义 |
| | | | 利用常数项级数收敛的柯西准则 |
| | | | 利用常数项级数收敛性质 |
| | | | 利用部分和数列有界 |
| | | | 达朗贝尔判别法（比式判别法） |
| | | | 柯西判别法（根式判别法） |
| | | | 拉贝判别法 |
| | | | 比较原则 |
| | | | 积分判别法 |
| | | 条件收敛：$\sum\limits_{n=1}^{\infty} u_n$ 收敛，$\sum\limits_{n=1}^{\infty} \lvert u_n \rvert$ 发散 | 利用常数项级数收敛定义 |
| | | | 利用常数项级数收敛的柯西准则 |
| | | | 利用常数项级数收敛性质 |
| | | | 针对交错级数的莱布尼茨判别法 |
| | | | 狄利克雷判别法 |
| | | | 阿贝尔判别法 |
| | | 发散 | 利用常数项级数收敛定义 |
| | | | 利用常数项级数收敛的柯西准则 |
| | | | 利用常数项级数收敛性质 |

下面的例题是综合题型，在判别级数敛散性时，要先观察级数的类型，然后运用相应的方法进行判别.

**例 5-3-6** 判别下列级数的敛散性.

（1）$\sum\limits_{n=1}^{\infty} \frac{(-1)^{n-1}}{n^p}$；

（2）$\sum\limits_{n=2}^{\infty} \ln\left[1+\frac{(-1)^n}{n^p}\right]$；

（3）$\sum\limits_{n=1}^{\infty} (-1)^{n-1} \frac{2^n \sin^{2n} x}{n}$；

（4）$\sum\limits_{n=1}^{\infty} \frac{(-1)^n}{\left[n+(-1)^n\right]^p}$；

（5）$\sum\limits_{n=1}^{\infty} \frac{(-1)^n}{\sqrt[n^2]{n}}$；

（6）$\sum\limits_{n=1}^{\infty} (-1)^n \frac{n-1}{n+1} \cdot \frac{1}{\sqrt[100]{n}}$；

（7）$1+\frac{1}{3^p}-\frac{1}{2^p}+\frac{1}{5^p}+\frac{1}{7^p}-\frac{1}{4^p}+\cdots$；

（8）$\sum\limits_{n=1}^{\infty} \frac{\sin n \cdot \sin n^2}{n}$.

**解** （1）当 $p<0$ 时，由于 $\frac{1}{n^p} \to +\infty$，因此，原级数 $\sum\limits_{n=1}^{\infty} \frac{(-1)^{n-1}}{n^p}$ 发散.

当 $p=0$ 时，由于 $\frac{1}{n^p}=1$，因此，原级数发散.

当$0<p\leqslant 1$时，原级数为交错级数，且$u_n=\dfrac{1}{n^p}$单调递减且极限为 0，根据莱布尼茨判别法，原级数收敛. 但是，$\sum\limits_{n=1}^{\infty}\left|\dfrac{(-1)^{n-1}}{n^p}\right|=\sum\limits_{n=1}^{\infty}\dfrac{1}{n^p}$发散. 从而，原级数条件收敛.

当$p>1$时，由于级数$\sum\limits_{n=1}^{\infty}\left|\dfrac{(-1)^{n-1}}{n^p}\right|=\sum\limits_{n=1}^{\infty}\dfrac{1}{n^p}$收敛，因此原级数绝对收敛.

（2）由于

$$\ln\left[1+\frac{(-1)^n}{n^p}\right]=\frac{(-1)^n}{n^p}-\frac{1}{2n^{2p}}+o\left(\frac{1}{n^{3p}}\right),$$

因此分别考虑级数$\sum\limits_{n=2}^{\infty}\dfrac{(-1)^n}{n^p}$、$\sum\limits_{n=2}^{\infty}\dfrac{1}{2n^{2p}}$和$\sum\limits_{n=2}^{\infty}\dfrac{1}{n^{3p}}$.

当$p>1$时，以上三个级数均绝对收敛，因此原级数$\sum\limits_{n=2}^{\infty}\ln\left[1+\dfrac{(-1)^n}{n^p}\right]$绝对收敛.

当$\dfrac{1}{2}<p\leqslant 1$时，级数$\sum\limits_{n=2}^{\infty}\dfrac{(-1)^n}{n^p}$条件收敛，级数$\sum\limits_{n=2}^{\infty}\dfrac{1}{2n^{2p}}$和$\sum\limits_{n=2}^{\infty}\dfrac{1}{n^{3p}}$均绝对收敛，因此原级数条件收敛.

当$p\leqslant 0$时，由于一般项极限不趋于 0，因此原级数发散.

当$0<p\leqslant\dfrac{1}{2}$时，设$m$是满足$mp\leqslant 1<(m+1)p$的唯一正整数（显然$m\geqslant 2$），有

$$\ln\left[1+\frac{(-1)^n}{n^p}\right]=\frac{(-1)^n}{n^p}-\frac{1}{2}\frac{1}{n^{2p}}+\frac{1}{3}\frac{(-1)^{3n}}{n^{3p}}-\frac{1}{4}\frac{1}{n^{4p}}+\cdots+\frac{(-1)^{m-1}}{m}\frac{(-1)^{mn}}{n^{mp}}+o\left(\frac{1}{n^{(m+1)p}}\right).$$

若$m$为偶数，则由于交错级数

$$\sum_{n=2}^{\infty}\frac{(-1)^n}{n^p},\sum_{n=2}^{\infty}\frac{(-1)^{3n}}{n^{3p}},\cdots,\sum_{n=2}^{\infty}\frac{(-1)^{(m-1)n}}{n^{(m-1)p}}$$

均条件收敛，级数$\sum\limits_{n=2}^{\infty}\dfrac{(-1)^{(m+1)n}}{n^{(m+1)p}}$绝对收敛，而级数

$$\sum_{n=2}^{\infty}\left(\frac{1}{2}\frac{1}{n^{2p}}+\frac{1}{4}\frac{1}{n^{4p}}+\cdots+\frac{1}{m}\frac{1}{n^{mp}}\right)$$

显然发散，因此原级数发散；若$m$为奇数，则可类似地证明原级数也发散.

（3）设

$$u_n=(-1)^{n-1}\frac{2^n\sin^{2n}x}{n},$$

则

$$\lim_{n\to\infty}\sqrt[n]{|u_n|}=\lim_{n\to\infty}\frac{\left(\sqrt{2}\sin x\right)^2}{\sqrt[n]{n}}=\left(\sqrt{2}\sin x\right)^2.$$

当 $\left(\sqrt{2}\sin x\right)^2<1$，即 $\left|\sqrt{2}\sin x\right|<1$ 时，原级数 $\sum\limits_{n=1}^{\infty}(-1)^{n-1}\dfrac{2^n\sin^{2n}x}{n}$ 绝对收敛；

当 $\left(\sqrt{2}\sin x\right)^2=1$，即 $\left|\sqrt{2}\sin x\right|=1$ 时，原级数变为 $\sum\limits_{n=1}^{\infty}\dfrac{(-1)^{n-1}}{n}$，条件收敛；

当 $\left(\sqrt{2}\sin x\right)^2>1$，即 $\left|\sqrt{2}\sin x\right|>1$ 时，可选取 $\alpha$，使得 $\left(\sqrt{2}\sin x\right)^2>\alpha>1$，根据极限的保号性，当 $n$ 充分大时，有 $\sqrt[n]{|u_n|}>\alpha$ 或 $|u_n|>\alpha^n>1$，说明当 $n\to\infty$ 时，$u_n$ 的极限不为 0，因此原级数发散.

（4）

$$\begin{aligned}\frac{(-1)^n}{\left[n+(-1)^n\right]^p}&=\frac{(-1)^n}{n^p\left[1+\dfrac{(-1)^n}{n}\right]^p}\\&=\frac{(-1)^n}{n^p}\left[1-\frac{p(-1)^n}{n}+o\left(\frac{1}{n^2}\right)\right]\\&=\frac{(-1)^n}{n^p}-\frac{p}{n^{p+1}}+o\left(\frac{1}{n^{p+2}}\right).\end{aligned}$$

当 $0<p\leqslant1$ 时，级数 $\sum\limits_{n=1}^{\infty}\dfrac{(-1)^n}{n^p}$ 条件收敛，级数 $\sum\limits_{n=1}^{\infty}\dfrac{p}{n^{p+1}}$ 和 $\sum\limits_{n=1}^{\infty}\dfrac{1}{n^{p+2}}$ 绝对收敛，因此原级数 $\sum\limits_{n=1}^{\infty}\dfrac{(-1)^n}{\left[n+(-1)^n\right]^p}$ 条件收敛；

当 $p>1$ 时，由于 $\sum\limits_{n=1}^{\infty}\dfrac{(-1)^n}{n^p}$、$\sum\limits_{n=1}^{\infty}\dfrac{p}{n^{p+1}}$ 和 $\sum\limits_{n=1}^{\infty}\dfrac{1}{n^{p+2}}$ 均绝对收敛，因此原级数绝对收敛；

当 $p\leqslant0$ 时，一般项不趋于 0，因此原级数发散.

（5）由于

$$\lim_{n\to\infty}\sqrt[n^2]{n}=\lim_{n\to\infty}\mathrm{e}^{\frac{\ln n}{n^2}}=\mathrm{e}^{\lim\limits_{n\to\infty}\frac{\ln n}{n^2}}=\mathrm{e}^0=1,$$

因此原级数 $\sum\limits_{n=1}^{\infty}\dfrac{(-1)^n}{\sqrt[n^2]{n}}$ 的一般项极限不为 0，从而原级数发散.

（6）由于

$$\begin{aligned}u_n&=(-1)^n\frac{n-1}{n+1}\cdot\frac{1}{\sqrt[100]{n}}\\&=(-1)^n\frac{1}{\sqrt[100]{n}}\left[1+o\left(\frac{1}{n}\right)\right]\\&=\frac{(-1)^n}{\sqrt[100]{n}}+o\left(\frac{1}{n^{1+\frac{1}{100}}}\right),\end{aligned}$$

显然级数$\sum\limits_{n=1}^{\infty}\frac{1}{n^{1+\frac{1}{100}}}$绝对收敛，而级数$\sum\limits_{n=1}^{\infty}\frac{(-1)^n}{\sqrt[100]{n}}$条件收敛，因此原级数$\sum\limits_{n=1}^{\infty}(-1)^n\frac{n-1}{n+1}\cdot\frac{1}{\sqrt[100]{n}}$条件收敛.

（7）当$p>1$时，由于原级数

$$1+\frac{1}{3^p}-\frac{1}{2^p}+\frac{1}{5^p}+\frac{1}{7^p}-\frac{1}{4^p}+\cdots$$

是由绝对收敛的级数$\sum\limits_{n=1}^{\infty}\frac{(-1)^p}{n^p}$交换项数重排得来的，因此，原级数也绝对收敛.

当$0<p<1$时，由于原级数可以写成级数$\sum\limits_{n=1}^{\infty}u_n$，式中，

$$\begin{aligned}
u_n&=\frac{1}{(4n-3)^p}+\frac{1}{(4n-1)^p}-\frac{1}{(2n)^p}\\
&=\frac{1}{(4n)^p\left(1-\frac{3}{4n}\right)^p}+\frac{1}{(4n)^p\left(1-\frac{1}{4n}\right)^p}-\frac{1}{(2n)^p}\\
&=\frac{1}{(4n)^p}\left[1+\frac{3p}{4n}+1+\frac{p}{4n}+o\left(\frac{1}{n^2}\right)\right]-\frac{1}{(2n)^p}\\
&=\frac{1}{2^p(2n)^p}\left[2+\frac{p}{n}+o\left(\frac{1}{n^2}\right)\right]-\frac{1}{(2n)^p}\\
&=\frac{1}{(2n)^p}\left(\frac{1}{2^{p-1}}-1\right)+\frac{4p}{(4n)^{p+1}}+o\left(\frac{1}{n^{p+2}}\right),
\end{aligned}$$

由于上式第一项对应的级数$\sum\limits_{n=1}^{\infty}\frac{1}{(2n)^p}\left(\frac{1}{2^{p-1}}-1\right)$发散，而另外两项对应的级数$\sum\limits_{n=1}^{\infty}\frac{4p}{(4n)^{p+1}}$和$\sum\limits_{n=1}^{\infty}\frac{1}{n^{p+2}}$均收敛，因此原级数发散.

当$p=1$时，有

$$u_n=\frac{4}{(4n)^2}+o\left(\frac{1}{n^3}\right),$$

因此原级数收敛，但是，原级数各项绝对值组成的级数是发散的，因此原级数条件收敛.

（8）设$a_n=\frac{1}{n}$，$b_n=\sin n\cdot\sin n^2$，显然$\{a_n\}$单调递减趋于0，而且

$$\begin{aligned}
\left|\sum_{n=1}^{N}\sin n\cdot\sin n^2\right|&=\left|\sum_{n=1}^{N}\frac{1}{2}\left[\cos n(n-1)-\cos n(n+1)\right]\right|\\
&=\left|\frac{1}{2}\left[\cos 0-\cos N(N+1)\right]\right|\leqslant 1,
\end{aligned}$$

根据狄利克雷判别法可知原级数$\sum\limits_{n=1}^{\infty}\frac{\sin n\cdot\sin n^2}{n}$收敛.

**例 5-3-7** 若级数$\sum\limits_{n=1}^{\infty}a_n$收敛且$\lim\limits_{n\to\infty}\dfrac{b_n}{a_n}=1$，可否断定级数$\sum\limits_{n=1}^{\infty}b_n$也收敛?

**解** 若级数$\sum\limits_{n=1}^{\infty}a_n$和$\sum\limits_{n=1}^{\infty}b_n$都是正项级数，则根据比较原则的极限形式，由级数$\sum\limits_{n=1}^{\infty}a_n$收敛且$\lim\limits_{n\to\infty}\dfrac{b_n}{a_n}=1$可知$\sum\limits_{n=1}^{\infty}b_n$也收敛.

但是，当$\sum\limits_{n=1}^{\infty}a_n$和$\sum\limits_{n=1}^{\infty}b_n$不都是正项级数时，该结论不一定成立.

例如，对级数

$$\sum_{n=1}^{\infty}\left(\frac{(-1)^n}{\sqrt{n}}+\frac{1}{n}\right)\text{和}\sum_{n=1}^{\infty}\frac{(-1)^n}{\sqrt{n}},$$

由于$\sum\limits_{n=1}^{\infty}\dfrac{1}{n}$发散，因此$\sum\limits_{n=1}^{\infty}\left(\dfrac{(-1)^n}{\sqrt{n}}+\dfrac{1}{n}\right)$也发散，而根据莱布尼茨判别法，显然$\sum\limits_{n=1}^{\infty}\dfrac{(-1)^n}{\sqrt{n}}$收敛，但二者比式的极限为

$$\lim_{n\to\infty}\frac{\left(\dfrac{(-1)^n}{\sqrt{n}}+\dfrac{1}{n}\right)}{\dfrac{(-1)^n}{\sqrt{n}}}=1.$$

**例 5-3-8** 讨论级数

$$\sum_{n=1}^{\infty}\frac{1}{n}\left[\mathrm{e}-\left(1+\frac{1}{n}\right)^n\right]^p\qquad(p\in\mathbf{R})$$

的收敛性.

**证** 因为$\left\{\left(1+\dfrac{1}{n}\right)^n\right\}$为递增数列，而$\left\{\left(1+\dfrac{1}{n}\right)^{n+1}\right\}$为递减数列，所以

$$\left(1+\frac{1}{n}\right)^n<\mathrm{e}<\left(1+\frac{1}{n}\right)^{n+1},$$

从而有

$$\begin{aligned}\mathrm{e}-\left(1+\frac{1}{n}\right)^n&<\left(1+\frac{1}{n}\right)^{n+1}-\left(1+\frac{1}{n}\right)^n\\&=\left(1+\frac{1}{n}\right)^n\left(1+\frac{1}{n}-1\right)\\&<\frac{\mathrm{e}}{n}<\frac{3}{n},\end{aligned}$$

进而有

$$\frac{1}{n}\left[\mathrm{e}-\left(1+\frac{1}{n}\right)^{n}\right]^{p}<\frac{3}{n^{p+1}}.$$

当 $p>0$ 时，由于 $\sum\limits_{n=1}^{\infty}\frac{3}{n^{p+1}}$ 收敛，根据比较原则，原级数 $\sum\limits_{n=1}^{\infty}\frac{1}{n}\left[\mathrm{e}-\left(1+\frac{1}{n}\right)^{n}\right]^{p}$ 收敛；

当 $p=0$ 时，原级数变为 $\sum\limits_{n=1}^{\infty}\frac{1}{n}$，发散；

当 $p<0$ 时，由于

$$\frac{1}{n}\left[\mathrm{e}-\left(1+\frac{1}{n}\right)^{n}\right]^{p}>\frac{1}{n}\frac{1}{(2\mathrm{e})^{-p}},$$

而级数 $\sum\limits_{n=1}^{\infty}\frac{1}{n}\frac{1}{(2\mathrm{e})^{-p}}$ 发散，根据比较原则，原级数发散.

---

## 习题 5-3

**5-3-1** 讨论下列级数哪些条件收敛？哪些绝对收敛？哪些发散？

（1）$\sum\limits_{n=1}^{\infty}\frac{\sin nx}{n^{\alpha}}(\alpha>1)$；

（2）$\sum\limits_{n=1}^{\infty}\frac{(-1)^{n-1}}{2^{n}}\cos nx$；

（3）$\sum\limits_{n=1}^{\infty}(-1)^{\frac{n(n-1)}{2}}\frac{n^{10}}{a^{n}}(a>1)$；

（4）$\sum\limits_{n=1}^{\infty}(-1)^{n}\frac{n-1}{n+1}\frac{1}{\sqrt[3]{n}}$；

（5）$\sum\limits_{n=1}^{\infty}(-1)^{(n-1)}\frac{1}{\sqrt[n]{n}}$；

（6）$\sum\limits_{n=2}^{\infty}\frac{\sin\frac{n\pi}{4}}{\ln n}$.

**5-3-2** 对任意一个趋于 0 的数列 $\{x_n\}$，如果级数 $\sum\limits_{n=1}^{\infty}a_n x_n$ 收敛，那么 $\sum\limits_{n=1}^{\infty}a_n$ 一定绝对收敛，试证之. 如果把条件中的“任意一个趋于 0 的数列”改为“任意一个递减趋于 0 的数列”，结论是否成立？

# 5.4 函数项级数一致收敛的判别方法

常数项级数收敛后，其和是一个数值；函数项级数收敛后，其和是一个函数. 这个由函数项级数表示的和函数的定义域怎样？在其定义域内是否也具有函数的连续性、可微性和可积性呢？要想研究由函数项级数表示的和函数的这些性质，前提是函数项级数的收敛不是普通意义的逐点收敛，而是要达到一致收敛. 因此，需要先研究函数项级数的一致收敛定义.

## 5.4.1 利用函数项级数一致收敛定义

【要点】 设$\{u_n(x)\}$是定义在数集$E$上的一个函数列，表达式

$$u_1(x)+u_2(x)+\cdots+u_n(x)+\cdots \qquad (x\in E),$$

称为定义在$E$上的函数项级数，记为$\sum\limits_{n=1}^{\infty}u_n(x)$或$\sum u_n(x)$.

运用函数项级数一致收敛定义的判别步骤如下.

i）写出部分和函数：$S_n(x)=\sum\limits_{k=1}^{n}u_k(x)(x\in E,n=1,2,\cdots)$；

ii）计算部分和函数的极限函数，即和函数：$S(x)=\lim\limits_{n\to\infty}S_n(x)(x\in D)$；

iii）运用一致收敛的$\varepsilon$-$N$定义：$\forall\varepsilon>0$，$\exists N=N(\varepsilon)\in\mathbf{N}_+$，当$n>N$时，对$\forall x\in D$，有

$$|S_n(x)-S(x)|<\varepsilon.$$

不一致收敛的定义：$\exists\varepsilon_0>0$，$\forall N\in\mathbf{N}_+$，$\exists n>N$，$\exists x_0\in D$，使得

$$|S_n(x_0)-S(x_0)|\geqslant\varepsilon_0.$$

在运用一致收敛定义的证明过程中，也可以寻求数列$\{\alpha_n\}$且$\lim\limits_{n\to\infty}\alpha_n=0$，且对$\forall n\in\mathbf{N}_+$，有

$$|S_n(x)-S(x)|\leqslant\alpha_n.$$

若$\sum\limits_{n=1}^{\infty}u_n(x)$在任意闭区间$[a,b]\subset D$上一致收敛，则称$\sum\limits_{n=1}^{\infty}u_n(x)$在$D$上内闭一致收敛.

**例 5-4-1** 定义在$(-\infty,+\infty)$上的函数项级数为

$$\sum_{n=0}^{\infty}x^n=1+x+\cdots+x^n+\cdots,$$

计算该函数项级数的和函数并判断其是否一致收敛.

**解** 由函数项级数一致收敛的定义，写出其部分和函数为

$$S_n(x)=\sum_{k=0}^{n-1}x^k=1+x+\cdots+x^{n-1}=\frac{1-x^n}{1-x},$$

容易计算当$|x|<1$，即$x\in(-1,1)$时，其和函数为

$$S(x)=\lim_{n\to\infty}S_n(x)=\lim_{n\to\infty}\frac{1-x^n}{1-x}=\frac{1}{1-x}.$$

但是当 $x\in(-1,1)$ 时，$\exists\varepsilon_0=\dfrac{2}{3}$，$\forall N\in\mathbf{N}_+$，$\forall n>N$，$\exists x_0=\dfrac{n}{n+1}\in(-1,1)$，使得

$$\left|S_n(x_0)-S(x_0)\right|=\frac{n+1}{\left(1+\dfrac{1}{n}\right)^n}>\frac{2}{3}=\varepsilon_0 .$$

根据函数项级数一致收敛的定义可知，原级数 $\sum\limits_{n=0}^{\infty}x^n$ 在 $x\in(-1,1)$ 时收敛于 $S(x)=\dfrac{1}{1-x}$，但不一致收敛.

而 $\forall a,b\in(-1,1)$ 且 $a<b$，对 $x\in[a,b]\subset(-1,1)$，取 $r_1=\max\{|a|,|b|\}$，$r_2=\min\limits_{x\in[a,b]}\{|1-x|\}$，由于

$$\left|S_n(x)-S(x)\right|=\left|\frac{1-x^n}{1-x}-\frac{1}{1-x}\right|=\left|\frac{x^n}{1-x}\right|\leqslant\frac{r_1^n}{r_2},$$

以及 $\{r_1^n\}$ 收敛于0，因此，对 $\forall\varepsilon>0$，$\exists N=\left[\dfrac{\ln r_2\varepsilon}{\ln r_1}\right]+1$，当 $n>N$ 时，对一切 $x\in[a,b]\subset(-1,1)$，都有

$$\begin{aligned}\left|S_n(x)-S(x)\right|&=\left|\frac{1-x^n}{1-x}-\frac{1}{1-x}\right|=\left|\frac{x^n}{1-x}\right|\\&\leqslant\frac{r_1^n}{r_2}<\varepsilon .\end{aligned}$$

因此由函数项级数一致收敛的定义，对 $\forall a,b\in(-1,1)$ 且 $a<b$，在 $x\in[a,b]\subset(-1,1)$ 内都一致收敛，即原级数 $\sum\limits_{n=0}^{\infty}x^n$ 在 $x\in(-1,1)$ 上内闭一致收敛.

### 5.4.2 利用函数项级数余项性质

函数项级数 $\sum\limits_{n=1}^{\infty}u_n(x)$ 的部分和函数为

$$S_n(x)=\sum_{k=1}^{n}u_k(x)\qquad(n=1,2,\cdots),$$

其和函数为

$$S(x)=\lim_{n\to\infty}S_n(x)=\sum_{k=1}^{\infty}u_k(x),$$

则函数项级数的余项为

$$\begin{aligned}\left|R_n(x)\right|&=\left|S(x)-S_n(x)\right|\\&=\left|\sum_{k=1}^{\infty}u_k(x)-\sum_{k=1}^{n}u_k(x)\right|\\&=\left|\sum_{k=n+1}^{\infty}u_k(x)\right|.\end{aligned}$$

### 1．函数项级数余项放大法

**【要点】** 根据函数项级数一致收敛的定义，如果在数集 $D$ 上存在数列 $\{\alpha_n\}$ 且 $\lim\limits_{n\to\infty}\alpha_n=0$，并且对 $\forall n\in\mathbf{N}_+$，有

$$\begin{aligned}\left|R_n(x)\right|&=\left|S(x)-S_n(x)\right|\\&=\left|\sum_{k=1}^{\infty}u_k(x)-\sum_{k=1}^{n}u_k(x)\right|\\&=\left|\sum_{k=n+1}^{\infty}u_k(x)\right|\\&\leqslant\alpha_n,\end{aligned}$$

则函数项级数 $\sum\limits_{n=1}^{\infty}u_n(x)$ 必一致收敛. 此为判别函数项级数一致收敛的充分条件.

---

**例 5-4-2**　试证：函数项级数 $\sum\limits_{n=1}^{\infty}\dfrac{n(-1)^n}{n^2+x^2}$ 在 $(-\infty,+\infty)$ 内一致收敛.

**证**　在 $x\in(-\infty,+\infty)$ 内，有 $u_n(x)=\dfrac{n}{n^2+x^2}>0$，显然其关于 $n\in\mathbf{N}_+$ 是单调递减的，并且当 $n\to\infty$ 时极限为 0. 另外，原级数为交错级数，根据莱布尼茨判别法，其对一切 $x\in(-\infty,+\infty)$ 都收敛，且余项为

$$\begin{aligned}\left|R_n(x)\right|&=\left|S(x)-S_n(x)\right|\\&=\left|\sum_{k=n+1}^{\infty}u_k(x)\right|\\&\leqslant u_{n+1}(x)=\frac{n+1}{(n+1)^2+x^2}\\&\leqslant\frac{1}{n+1}\to 0\qquad(n\to\infty).\end{aligned}$$

根据余项放大法，原级数 $\sum\limits_{n=1}^{\infty}\dfrac{n(-1)^n}{n^2+x^2}$ 在 $(-\infty,+\infty)$ 内一致收敛.

---

### 2．函数项级数余项上确界方法

**【要点】** 函数项级数 $\sum\limits_{n=1}^{\infty}u_n(x)$ 在数集 $D$ 上一致收敛于 $S(x)$ 的充要条件是

$$\lim_{n\to\infty}\sup_{x\in D}\left|R_n(x)\right|=\lim_{n\to\infty}\sup_{x\in D}\left|S(x)-S_n(x)\right|=0.$$

---

**例 5-4-3**　讨论函数项级数

$$\sum_{n=1}^{\infty}\frac{nx}{(1+x)(1+2x)\cdots(1+nx)}$$

在$(0,a)$与$(a,+\infty)$内是否一致收敛.

**解** 当$x\in(0,+\infty)$时，由于

$$u_n(x)=\frac{nx}{(1+x)(1+2x)\cdots(1+nx)}>0,$$

该函数项级数为正项级数，又由于

$$\lim_{n\to\infty}\frac{u_{n+1}(x)}{u_n(x)}=\lim_{n\to\infty}\frac{(n+1)x}{(1+x)(1+2x)\cdots(1+nx)\left[1+(n+1)x\right]}\cdot\frac{(1+x)(1+2x)\cdots(1+nx)}{nx}$$

$$=\lim_{n\to\infty}\frac{(n+1)x}{\left[1+(n+1)x\right]nx}=0<1.$$

因此，由达朗贝尔判别法知，原级数$\sum\limits_{n=1}^{\infty}\frac{nx}{(1+x)(1+2x)\cdots(1+nx)}$收敛，但是余项

$$\begin{aligned}|R_n(x)|&=\left|\sum_{k=n+1}^{\infty}u_k(x)\right|=\sum_{k=n+1}^{\infty}\frac{kx}{(1+x)(1+2x)\cdots(1+kx)}\\&=\sum_{k=n+1}^{\infty}\frac{kx+1-1}{(1+x)(1+2x)\cdots(1+kx)}\\&=\sum_{k=n+1}^{\infty}\left(\frac{1}{(1+x)(1+2x)\cdots(1+(k-1)x)}-\frac{1}{(1+x)(1+2x)\cdots(1+kx)}\right)\\&=\frac{1}{(1+x)(1+2x)\cdots(1+nx)}.\end{aligned}$$

当$x\in(0,a)$时，由于

$$\sup_{x\in(0,a)}|R_n(x)|=\sup_{x\in(0,a)}\frac{1}{(1+x)(1+2x)\cdots(1+nx)}=1,$$

于是

$$\lim_{n\to\infty}\sup_{x\in(0,a)}|R_n(x)|=1,$$

因此，原级数$\sum\limits_{n=1}^{\infty}\frac{nx}{(1+x)(1+2x)\cdots(1+nx)}$在$x\in(0,a)$内不一致收敛.

当$x\in(a,+\infty)$时，由于

$$\begin{aligned}\sup_{x\in(a,+\infty)}|R_n(x)|&=\sup_{x\in(a,+\infty)}\frac{1}{(1+x)(1+2x)\cdots(1+nx)}\\&=\frac{1}{(1+a)(1+2a)\cdots(1+na)},\end{aligned}$$

于是

$$\lim_{n\to\infty}\sup_{x\in(a,+\infty)}|R_n(x)|=0,$$

因此，原级数$\sum\limits_{n=1}^{\infty}\frac{nx}{(1+x)(1+2x)\cdots(1+nx)}$在$x\in(a,+\infty)$内一致收敛.

**例 5-4-4**　讨论函数项级数$\sum_{n=1}^{\infty}\frac{x^2}{\left(1+x^2\right)^{n-1}}$在$(-\infty,+\infty)$内是否一致收敛.

**解**　当$x=0$时，显然原级数的一般项为 0，故此时原级数收敛.

当$x\neq 0$时，一般项为

$$u_n(x)=\frac{x^2}{\left(1+x^2\right)^{n-1}}>0,$$

因此原级数为正项级数，由于

$$\lim_{n\to\infty}\frac{u_{n+1}(x)}{u_n(x)}=\lim_{n\to\infty}\frac{x^2}{\left(1+x^2\right)^n}\frac{\left(1+x^2\right)^{n-1}}{x^2}$$

$$=\frac{1}{1+x^2}<1,$$

因此，由正项级数的达朗贝尔判别法知，原级数收敛，其余项为

$$\left|R_n(x)\right|=\left|\sum_{k=n+1}^{\infty}u_k(x)\right|=\sum_{k=n+1}^{\infty}\frac{x^2}{\left(1+x^2\right)^{k-1}}$$

$$=x^2\sum_{k=n+1}^{\infty}\left(\frac{1}{1+x^2}\right)^{k-1}$$

$$=x^2\frac{\left(\frac{1}{1+x^2}\right)^n}{1-\frac{1}{1+x^2}}$$

$$=\frac{1}{\left(1+x^2\right)^{n-1}},$$

且

$$\sup_{x\in(-\infty,+\infty)}\left|R_n(x)\right|=\sup_{x\in(-\infty,+\infty)}\frac{1}{\left(1+x^2\right)^{n-1}}=1,$$

因此

$$\lim_{n\to\infty}\sup_{x\in(-\infty,+\infty)}\left|R_n(x)\right|=1\neq 0.$$

所以原级数$\sum_{n=1}^{\infty}\frac{x^2}{\left(1+x^2\right)^{n-1}}$在$x\in(-\infty,+\infty)$内不一致收敛.

**例 5-4-5**　讨论函数项级数

$$\sum_{n=1}^{\infty}\frac{x^2}{\left[1+(n-1)x^2\right]\left(1+nx^2\right)}$$

在$x\in(0,+\infty)$内是否一致收敛.

**解**　当$x\in(0,+\infty)$时，显然原级数一般项为

$$u_n(x)=\frac{x^2}{\left[1+(n-1)x^2\right](1+nx^2)},$$

其恒大于0，因此原级数为正项级数.

当$n\geqslant 2$时，有

$$\frac{x^2}{\left[1+(n-1)x^2\right](1+nx^2)}<\frac{1}{(n-1)nx^2},$$

根据比较原则，由于正项级数$\sum_{n=1}^{\infty}\frac{1}{(n-1)nx^2}$收敛，因此原级数也收敛.

又由于部分和函数为

$$\begin{aligned}S_n(x)&=\sum_{k=1}^{n}\frac{x^2}{\left[1+(k-1)x^2\right](1+kx^2)}\\&=\sum_{k=1}^{n}\left\{\frac{1}{\left[1+(k-1)x^2\right]}-\frac{1}{(1+kx^2)}\right\}\\&=1-\frac{1}{(1+nx^2)},\end{aligned}$$

其和函数为

$$S(x)=\lim_{n\to\infty}S_n(x)=\lim_{n\to\infty}\left[1-\frac{1}{(1+nx^2)}\right]=1,$$

从而，余项为

$$\left|R_n(x)\right|=\left|S(x)-S_n(x)\right|=\left|1-1+\frac{1}{(1+nx^2)}\right|=\frac{1}{(1+nx^2)}.$$

又由于

$$\sup_{x\in(0,+\infty)}\left|R_n(x)\right|=\sup_{x\in(0,+\infty)}\frac{1}{(1+nx^2)}=1.$$

故$\lim\limits_{n\to\infty}\sup\limits_{x\in(0,+\infty)}\left|R_n(x)\right|=1\neq 0$.

因此原级数$\sum_{n=1}^{\infty}\frac{x^2}{\left[1+(n-1)x^2\right](1+nx^2)}$在$x\in(0,+\infty)$内不一致收敛.

---

**例 5-4-6** 讨论函数项级数$\sum_{n=1}^{\infty}\frac{(-1)^n x^{2n+1}}{2n+1}$在$x\in(-1,1)$内是否一致收敛.

**解** （1）当$x=0$时，原级数的一般项为0，故此时必收敛.

（2）当$x\in(0,1)$时，原级数为交错级数，记

$$u_n(x)=\frac{x^{2n+1}}{2n+1}>0,$$

且

$$\lim_{n\to\infty}u_n(x)=\lim_{n\to\infty}\frac{x^{2n+1}}{2n+1}=0.$$

又

$$\begin{aligned}u_n(x)-u_{n+1}(x)&=\frac{x^{2n+1}\left[2n+3-(2n+1)x^2\right]}{(2n+1)(2n+3)}\\&>\frac{x^{2n+1}\left[2n+3-2n-2\right]}{(2n+1)(2n+3)}>0,\end{aligned}$$

因此，根据莱布尼茨判别法，原级数收敛.

（3）当 $x\in(-1,0)$ 时，有

$$\sum_{n=1}^{\infty}\frac{(-1)^n x^{2n+1}}{2n+1}=\sum_{n=1}^{\infty}\frac{(-1)^{n-1}|x|^{2n+1}}{2n+1},$$

与上同理，原级数收敛.

综上所述，原级数在 $x\in(-1,1)$ 内收敛.

根据交错级数的性质，由于余项

$$|R_n(x)|\leqslant\frac{|x|^{2n+3}}{2n+3},$$

则

$$\sup_{x\in(-1,1)}|R_n(x)|\leqslant\sup_{x\in(-1,1)}\frac{|x|^{2n+3}}{2n+3}=\frac{1}{2n+3},$$

故

$$\lim_{n\to\infty}\sup_{x\in(-1,1)}|R_n(x)|\leqslant\lim_{n\to\infty}\frac{1}{2n+3}=0,$$

即

$$\lim_{n\to\infty}\sup_{x\in(-1,1)}|R_n(x)|=0.$$

从而，原级数 $\sum\limits_{n=1}^{\infty}\frac{(-1)^n x^{2n+1}}{2n+1}$ 在 $x\in(-1,1)$ 内一致收敛.

### 5.4.3 利用函数项级数一致收敛的柯西准则

**【要点】** 函数项级数 $\sum\limits_{n=1}^{\infty}u_n(x)$ 在数集 $D$ 上一致收敛的充要条件：对 $\forall\varepsilon>0$，$\exists N=N(\varepsilon)\in\mathbf{N}_+$，当 $n>N$ 时，对一切 $x\in D$ 和一切正整数 $p$ 都有

$$|S_{n+p}(x)-S_n(x)|<\varepsilon,$$

或

$$|u_{n+1}(x)+u_{n+2}(x)+\cdots+u_{n+p}(x)|<\varepsilon.$$

当 $p=1$ 时，可以得到以下结论.

函数项级数$\sum\limits_{n=1}^{\infty}u_n(x)$在数集$D$上一致收敛的必要条件：函数列$\{u_n(x)\}$在$D$上一致收敛于0. 该必要条件能够比较容易用于验证函数项级数不一致收敛，只要一般项函数列$\{u_n(x)\}$在$D$上不一致收敛于0，则函数项级数不一致收敛.

函数项级数$\sum\limits_{n=1}^{\infty}u_n(x)$在数集$D$上不一致收敛的充要条件：$\exists\varepsilon_0>0$，$\forall N\in\mathbf{N}_+$，$\exists n>N$，$\exists x_0\in D$，以及某个整数$p_0$，使得

$$\left|S_{n+p_0}(x_0)-S_n(x_0)\right|\geqslant\varepsilon_0,$$

或

$$\left|u_{n+1}(x_0)+u_{n+2}(x_0)+\cdots+u_{n+p_0}(x_0)\right|\geqslant\varepsilon_0.$$

---

**例 5-4-7** 讨论函数项级数$\sum\limits_{n=1}^{\infty}2^n\sin\frac{x}{3^n}$在$(0,+\infty)$内是否一致收敛.

**解** 对每个$x\in(0,+\infty)$，$\exists N\in\mathbf{N}_+$，当$n>N$时，使得$\frac{x}{3^n}\in\left(0,\frac{\pi}{2}\right)$，此时$\sum\limits_{n=N+1}^{\infty}2^n\sin\frac{x}{3^n}$为正项级数.

根据正项级数判别法，又由于

$$2^n\sin\frac{x}{3^n}<\left(\frac{2}{3}\right)^n x,$$

级数$\sum\limits_{n=1}^{\infty}\left(\frac{2}{3}\right)^n x$收敛，因此，原级数$\sum\limits_{n=1}^{\infty}2^n\sin\frac{x}{3^n}$也收敛.

但是，$u_n(x)=2^n\sin\frac{x}{3^n}$不一致收敛于0，这是因为取$x_n=3^n\frac{\pi}{2}\in(0,+\infty)$使得

$$\begin{aligned}u_n(x_n)&=2^n\sin\frac{3^n\frac{\pi}{2}}{3^n}\\&=2^n\to+\infty\qquad(n\to\infty),\end{aligned}$$

所以原级数在$x\in(0,+\infty)$内不一致收敛.

---

**例 5-4-8** 讨论函数项级数$\sum\limits_{n=1}^{\infty}\frac{\sin nx}{n}$在$x\in(0,2\pi)$内是否一致收敛.

**解** 由例 5-3-5（1）可知原级数$\sum\limits_{n=1}^{\infty}\frac{\sin nx}{n}$在$x\in(0,2\pi)$内收敛.

但是，根据函数项级数一致收敛的柯西准则：$\exists\varepsilon_0=\frac{\sqrt{2}}{4}$，$\forall N\in\mathbf{N}_+$，$\forall n>N$，$\exists x_0=\frac{\pi}{4n}$，以及某个整数$p_0=n$，使得

$$\left|u_{n+1}(x_0)+u_{n+2}(x_0)+\cdots+u_{n+p_0}(x_0)\right|=\left|\frac{\sin\frac{(n+1)}{n}\frac{\pi}{4}}{n+1}+\frac{\sin\frac{(n+2)}{n}\frac{\pi}{4}}{n+2}+\cdots+\frac{\sin\frac{(2n)}{n}\frac{\pi}{4}}{2n}\right|$$

$$>\left|\frac{\sin\frac{\pi}{4}}{n+1}+\frac{\sin\frac{\pi}{4}}{n+2}+\cdots+\frac{\sin\frac{\pi}{4}}{2n}\right|$$

$$>\frac{n\sin\frac{\pi}{4}}{2n}$$

$$=\frac{1}{2}\sin\frac{\pi}{4}=\frac{\sqrt{2}}{4},$$

故原级数在 $x\in(0,2\pi)$ 内不一致收敛.

---

**例 5-4-9** 设函数列 $f_0(x),f_1(x),\cdots,f_n(x),\cdots$ 在区间 $I$ 上有定义，且满足以下条件:

（1）$|f_0(x)|\leqslant M$；

（2）$\sum\limits_{n=0}^{m}|f_n(x)-f_{n+1}(x)|\leqslant M$，式中，$m=0,1,2,\cdots$，$M$ 是常数.

证明：如果级数 $\sum\limits_{n=0}^{\infty}b_n$ 收敛，则级数 $\sum\limits_{n=0}^{\infty}b_nf_n(x)$ 必在区间 $I$ 上一致收敛.

**证** 因为级数 $\sum\limits_{n=0}^{\infty}b_n$ 收敛，根据常数项级数收敛的柯西准则，$\forall\varepsilon>0$，$\exists N=N(\varepsilon)\in\mathbf{N}_+$，当 $n>N$ 时，对一切正整数 $p$，都有

$$\left|\sum_{k=n+1}^{n+p}b_k\right|=|b_{n+1}+b_{n+2}+\cdots+b_{n+p}|<\varepsilon.$$

记 $S_i=\sum\limits_{k=n+1}^{n+i}b_k$，则 $|S_i|<\varepsilon(i=1,2,\cdots)$，于是有

$$\begin{aligned}\left|\sum_{k=n+1}^{n+p}b_kf_k(x)\right|&=\left|S_1f_{n+1}+(S_2-S_1)f_{n+2}+\cdots+(S_p-S_{p-1})f_{n+p}\right|\\&=\left|S_1(f_{n+1}-f_{n+2})+\cdots+S_{p-1}(f_{n+p-1}-f_{n+p})+S_pf_{n+p}\right|\\&\leqslant|S_1|\cdot|f_{n+1}-f_{n+2}|+\cdots+|S_{p-1}|\cdot|f_{n+p-1}-f_{n+p}|+|S_p|\cdot|f_{n+p}|\\&<\varepsilon\left(\sum_{k=n+1}^{n+p-1}|f_k-f_{k+1}|+|f_{n+p}|\right).\end{aligned}$$

根据条件（2），有

$$\sum_{k=n+1}^{n+p-1}|f_k-f_{k+1}|\leqslant\sum_{k=0}^{n+p-1}|f_k-f_{k+1}|\leqslant M,$$

且

$$\begin{aligned}\left|f_{k+p}\right| &= \left|f_0 - f_0 + f_1 - f_1 + \cdots + f_{n+p-1} - f_{n+p-1} + f_{n+p}\right| \\ &\leqslant \left|f_0\right| + \left|f_0 - f_1\right| + \cdots + \left|f_{n+p-1} - f_{n+p}\right| \leqslant 2M,\end{aligned}$$

从而有

$$\left|\sum_{k=n+1}^{n+p} b_k f_k(x)\right| = \left|S_1 f_{n+1} + (S_2 - S_1) f_{n+2} + \cdots + (S_p - S_{p-1}) f_{n+p}\right| < 3M\varepsilon.$$

根据函数项级数一致收敛的柯西准则，原级数 $\sum_{n=0}^{\infty} b_n f_n(x)$ 在区间 $I$ 上一致收敛.

---

### 5.4.4 利用函数项级数一致收敛的优级数判别法

**【要点】** 对级数 $\sum_{n=1}^{\infty} u_n(x)(x \in D)$，若对一切 $x \in D$，有 $|u_n(x)| \leqslant M_n\ (n=1,2,\cdots)$，且 $\sum_{n=1}^{\infty} M_n$ 收敛，则函数项级数 $\sum_{n=1}^{\infty} u_n(x)$ 在 $D$ 上一致收敛.

**注：** 优级数判别法，又称魏尔斯特拉斯判别法或 $M$ 判别法，其关键是找到优级数 $\sum_{n=1}^{\infty} M_n$，并将函数项级数的一般项 $|u_n(x)|$ 进行放大，可以利用 $|u_n(x)|$ 的最大值进行放大，或者利用已有的不等式进行放大，也可以利用泰勒公式或微分中值定理变形进行放大等.

---

**例 5-4-10** 证明：$\sum_{n=1}^{\infty} x^n (1-x)^2$ 在 $[0,1]$ 上一致收敛.

**证** 对一般项 $u_n(x) = x^n (1-x)^2$ 关于变量 $x$ 求导，得

$$u_n'(x) = nx^{n-1}(1-x)^2 - 2(1-x)x^n = x^{n-1}(1-x)(n - nx - 2x) = 0,$$

可得全部极值点的备选点 $x=0$、$x=1$ 和 $x=\dfrac{n}{n+2}$. 由于

$$u_n(0) = u_n(1) = 0,$$

$$u_n\left(\frac{n}{n+2}\right) = \left(\frac{n}{n+2}\right)^n \left(1 - \frac{n}{n+2}\right)^2 > 0,$$

因此在 $[0,1]$ 上，$u_n(x) = x^n (1-x)^2$ 在 $x = \dfrac{n}{n+2}$ 处取得最大值，因此

$$\begin{aligned}|u_n(x)| &\leqslant \left(\frac{n}{n+2}\right)^n \left(1 - \frac{n}{n+2}\right)^2 \\ &\leqslant \left(1 - \frac{n}{n+2}\right)^2 = \left(\frac{2}{n+2}\right)^2 \\ &\leqslant \frac{4}{n^2}.\end{aligned}$$

由于 $\sum_{n=1}^{\infty} \dfrac{4}{n^2}$ 收敛，根据优级数判别法，原级数 $\sum_{n=1}^{\infty} x^n (1-x)^2$ 在 $[0,1]$ 上一致收敛.

**例 5-4-11** 讨论函数项级数$\sum_{n=1}^{\infty}\frac{n^2}{\sqrt{n!}}\left(x^n+x^{-n}\right)$当$\frac{1}{2}\leqslant|x|\leqslant 2$时是否一致收敛.

**解** 当$\frac{1}{2}\leqslant|x|\leqslant 2$时，有

$$\left|\frac{n^2}{\sqrt{n!}}\left(x^n+x^{-n}\right)\right|\leqslant\frac{n^2}{\sqrt{n!}}\left(|x|^n+|x|^{-n}\right)\leqslant\frac{n^2 2^{n+1}}{\sqrt{n!}}.$$

对级数$\sum_{n=1}^{\infty}\frac{n^2 2^{n+1}}{\sqrt{n!}}$，应用达朗贝尔判别法，由于

$$\lim_{n\to\infty}\frac{\frac{(n+1)^2 2^{n+2}}{\sqrt{(n+1)!}}}{\frac{n^2 2^{n+1}}{\sqrt{n!}}}=\lim_{n\to\infty}\frac{(n+1)^2 2}{n^2\sqrt{n+1}}=0<1,$$

因此，级数$\sum_{n=1}^{\infty}\frac{n^2 2^{n+1}}{\sqrt{n!}}$收敛.

根据优级数判别法，原级数$\sum_{n=1}^{\infty}\frac{n^2}{\sqrt{n!}}\left(x^n+x^{-n}\right)$当$\frac{1}{2}\leqslant|x|\leqslant 2$时一致收敛.

**例 5-4-12** 证明：$\sum_{n=1}^{\infty}x^2\mathrm{e}^{-nx}$在$(0,+\infty)$内一致收敛.

**证** 由于$\forall x\in(0,+\infty)$，有

$$\begin{aligned}x^2\mathrm{e}^{-nx}&=\frac{x^2}{1+nx+\frac{n^2}{2}x^2+o\left(x^2\right)}\\&<\frac{x^2}{\frac{n^2}{2}x^2}=\frac{2}{n^2},\end{aligned}$$

且$\sum_{n=1}^{\infty}\frac{2}{n^2}$收敛，因此原级数$\sum_{n=1}^{\infty}x^2\mathrm{e}^{-nx}$在$(0,+\infty)$内一致收敛.

### 5.4.5 利用函数项级数一致收敛的阿贝尔判别法和狄利克雷判别法

**【要点】** 利用阿贝尔判别法和狄利克雷判别法讨论定义在$D$上的形如

$$\sum u_n(x)v_n(x)=u_1(x)v_1(x)+u_2(x)v_2(x)+\cdots+u_n(x)v_n(x)+\cdots$$

的函数项级数是否一致收敛问题，具体内容如下.

（1）阿贝尔判别法

设

i）$\sum u_n(x)$在$D$上一致收敛；

ii）对每个 $x\in D$，$\{v_n(x)\}$ 是单调的（关于 $n$ 单调）；

iii）$\{v_n(x)\}$ 在 $D$ 上一致有界，即存在正整数 $M$，使得对一切 $x\in D$ 和正整数 $n$，有

$$|v_n(x)|\leqslant M .$$

则级数 $\sum u_n(x)v_n(x)$ 在 $D$ 上一致收敛.

（2）狄利克雷判别法

设

i）$\sum u_n(x)$ 的部分和函数列

$$S_n(x)=\sum_{k=1}^{n}u_k(x)\qquad(n=1,2,\cdots)$$

在 $D$ 上一致有界；

ii）对每个 $x\in D$，$\{v_n(x)\}$ 是单调的（关于 $n$ 单调）；

iii）在 $D$ 上 $\{v_n(x)\}$ 一致收敛于 0.

则级数 $\sum u_n(x)v_n(x)$ 在 $D$ 上一致收敛.

**注：** 阿贝尔判别法和狄利克雷判别法使用起来比较方便，对某些问题是否一致收敛的判别方法未必是唯一的. 在使用的过程中，如果容易使用阿贝尔判别法和狄利克雷判别法，则可首选之.

---

**例 5-4-13** 讨论函数项级数 $\sum_{n=1}^{\infty}\frac{(-1)^{\frac{n(n-1)}{2}}}{\sqrt[3]{n^2+\mathrm{e}^x}}$ 在 $x\in(-10,10)$ 内是否一致收敛.

**解** 设

$$u_n(x)=(-1)^{\frac{n(n-1)}{2}},\quad v_n(x)=\frac{1}{\sqrt[3]{n^2+\mathrm{e}^x}},$$

则

$$\left|\sum_{k=1}^{n}u_k(x)\right|=\left|\sum_{k=1}^{n}(-1)^{\frac{k(k-1)}{2}}\right|\leqslant 2.$$

另外，由于

$$v_n(x)=\frac{1}{\sqrt[3]{n^2+\mathrm{e}^x}}>\frac{1}{\sqrt[3]{(n+1)^2+\mathrm{e}^x}}=v_{n+1}(x),$$

因此 $\{v_n(x)\}$ 对每个 $x\in(-10,10)$ 关于 $n$ 单调递减.

又由于对一切 $x\in(-10,10)$，都有

$$v_n(x)=\frac{1}{\sqrt[3]{n^2+\mathrm{e}^x}}<\frac{1}{\sqrt[3]{n^2}}\to 0\qquad(n\to\infty),$$

因此 $\{v_n(x)\}$ 一致收敛于 0.

根据狄利克雷判别法，原级数 $\sum_{n=1}^{\infty}\frac{(-1)^{\frac{n(n-1)}{2}}}{\sqrt[3]{n^2+\mathrm{e}^x}}$ 在 $(-10,10)$ 内一致收敛.

**例 5-4-14**　讨论函数项级数 $\sum_{n=1}^{\infty}\frac{\sin x\sin nx}{\sqrt{n+x}}$ 在 $x\in(0,+\infty)$ 内是否一致收敛.

**解**　设

$$u_n(x)=\sin x\sin nx\,,\quad v_n(x)=\frac{1}{\sqrt{n+x}}\,,$$

则分以下两种情况讨论.

当 $x=2m\pi(m=0,1,2,\cdots)$ 时，有

$$\left|\sum_{k=1}^{n}u_k(x)\right|=0\,.$$

当 $x\neq 2m\pi(m=0,1,2,\cdots)$ 时，有

$$\begin{aligned}2\sin\frac{x}{2}\sum_{k=1}^{n}\sin kx&=\sum_{k=1}^{n}\left[\cos\left(k-\frac{1}{2}\right)x-\cos\left(k+\frac{1}{2}\right)x\right]\\&=\cos\frac{x}{2}-\cos\left(n+\frac{1}{2}x\right),\end{aligned}$$

从而有

$$\begin{aligned}\left|\sum_{k=1}^{n}\sin kx\right|&=\left|\frac{\cos\frac{x}{2}-\cos\left(n+\frac{1}{2}x\right)}{2\sin\frac{x}{2}}\right|\\&\leqslant\left|\frac{1}{\sin\frac{x}{2}}\right|,\end{aligned}$$

于是有

$$\begin{aligned}\left|\sum_{k=1}^{n}u_k(x)\right|&=\left|\sin x\sum_{k=1}^{n}\sin kx\right|\\&\leqslant|\sin x|\left|\frac{1}{\sin\frac{x}{2}}\right|\\&=2\left|\cos\frac{x}{2}\right|\leqslant 2\,.\end{aligned}$$

因此，对一切 $x\in(0,+\infty)$，均有

$$\left|\sum_{k=1}^{n}u_k(x)\right|\leqslant 2\,.$$

而对 $v_n(x)=\frac{1}{\sqrt{n+x}}$，显然 $\{v_n(x)\}$ 对每个 $x\in(0,+\infty)$ 关于 $n$ 单调递减，而且由于

$$\frac{1}{\sqrt{n+x}}\leqslant\frac{1}{\sqrt{n}}\to 0\qquad(n\to\infty),$$

因此$\{v_n(x)\}$一致收敛于 0.

根据狄利克雷判别法，原级数$\sum\limits_{n=1}^{\infty}\frac{\sin x\sin nx}{\sqrt{n+x}}$在$(0,+\infty)$内一致收敛.

---

**例 5-4-15** 讨论函数项级数$\sum\limits_{n=1}^{\infty}\frac{(-1)^n}{\sqrt{n(n+x)}}$在$(0,+\infty)$内是否一致收敛.

**解** 由于

$$\frac{(-1)^n}{\sqrt{n(n+x)}}=\frac{(-1)^n}{n}\cdot\frac{1}{\sqrt{1+\frac{x}{n}}},$$

因此设

$$u_n(x)=\frac{(-1)^n}{n},\quad v_n(x)=\frac{1}{\sqrt{1+\frac{x}{n}}}.$$

由于级数$\sum\limits_{n=1}^{\infty}\frac{(-1)^n}{n}$收敛，从而级数$\sum\limits_{n=1}^{\infty}u_n(x)$在$(0,+\infty)$内一致收敛.

而$\{v_n(x)\}$对每个$x\in(0,+\infty)$关于$n$单调递增，且

$$0<v_n(x)=\frac{1}{\sqrt{1+\frac{x}{n}}}\leqslant 1,$$

即$\{v_n(x)\}$是一致有界的.

因此，根据阿贝尔判别法，原级数$\sum\limits_{n=1}^{\infty}\frac{(-1)^n}{\sqrt{n(n+x)}}$在$(0,+\infty)$内一致收敛.

---

**例 5-4-16** 证明：函数项级数$\sum\limits_{n=1}^{\infty}(1-x)\frac{x^n}{1-x^{2n}}\sin nx$在$x\in\left(\frac{1}{2},1\right)$内一致收敛.

**证** 因为

$$\sum_{n=1}^{\infty}(1-x)\frac{x^n}{1-x^{2n}}\sin nx=\sum_{n=1}^{\infty}\frac{1}{1+x^n}\cdot\frac{(1-x)x^n}{1-x^n}\sin nx,$$

所以设

$$u_n(x)=\frac{(1-x)x^n}{1-x^n}\sin nx,\quad v_n(x)=\frac{1}{1+x^n}.$$

由于$\{v_n(x)\}$对每个$x\in\left(\frac{1}{2},1\right)$关于$n$是单调的，且

$$|v_n(x)|=\left|\frac{1}{1+x^n}\right|\leqslant 1,$$

即$\{v_n(x)\}$是一致有界的.

下面证明

$$\sum_{n=1}^{\infty}u_n(x)=\sum_{n=1}^{\infty}\frac{(1-x)x^n}{1-x^n}\sin nx$$

在 $x\in\left(\frac{1}{2},1\right)$ 上一致收敛.

设

$$a_n(x)=\sin nx\text{，}\ b_n(x)=\frac{(1-x)x^n}{1-x^n}\text{，}$$

类似于例 5-4-14 中的证明，可得

$$\begin{aligned}\left|\sum_{k=1}^{n}a_k(x)\right|&=\left|\sum_{k=1}^{n}\sin kx\right|\\&\leqslant\frac{1}{\sin\frac{x}{2}}\leqslant\frac{1}{\sin\frac{1}{4}}\end{aligned}$$

式中，$x\in\left(\frac{1}{2},1\right)$，$n=1,2,\cdots$.

因此，$\sum_{k=1}^{n}a_k(x)=\sum_{k=1}^{n}\sin kx$ 在 $x\in\left(\frac{1}{2},1\right)$ 内一致有界.

由于

$$b_n(x)=\frac{(1-x)x^n}{1-x^n}=\frac{x^n}{1+x+x^2+\cdots+x^{n-1}}\text{，}$$

式中，$x\in\left(\frac{1}{2},1\right)$，容易证明 $\{b_n(x)\}$ 对每个 $x\in\left(\frac{1}{2},1\right)$ 关于 $n$ 单调递减.

又由于

$$0\leqslant b_n(x)=\frac{x^n}{1+x+x^2+\cdots+x^{n-1}}\leqslant\frac{x^n}{nx^{n-1}}<\frac{1}{n}\to 0\qquad(n\to\infty)\text{，}$$

所以，$\{b_n(x)\}$ 在 $x\in\left(\frac{1}{2},1\right)$ 内一致收敛于 $0$.

因此，根据狄利克雷判别法，

$$\sum_{n=1}^{\infty}u_n(x)=\sum_{n=1}^{\infty}\frac{(1-x)x^n}{1-x^n}\sin nx$$

在 $x\in\left(\frac{1}{2},1\right)$ 内一致收敛.

最后，根据阿贝尔判别法，原级数 $\sum_{n=1}^{\infty}(1-x)\frac{x^n}{1-x^{2n}}\sin nx$ 在 $x\in\left(\frac{1}{2},1\right)$ 内一致收敛.

**注：** 表 5.4.1 给出了函数项级数一致收敛的判别方法，在遇到具体问题时，应注意观察函数项级数一般项的特点.

表 5.4.1 函数项级数一致收敛的判别方法

| 函数项级数 | 判别方法 | 使用特点 |
|---|---|---|
| $\sum_{n=1}^{\infty}u_n(x)$ | 利用函数项级数一致收敛定义 | 易求部分和函数及其极限 |
| | 利用函数项级数余项性质 | 易求部分和函数及其极限，并且二者之差，即余项易于计算和估计 |
| | 利用函数项级数一致收敛的柯西准则 | 一般项易于放缩，或者已知一致收敛条件的文字叙述证明题 |
| | 优级数判别法 | 一般项易于放大 |
| | 阿贝尔判别法和狄利克雷判别法 | 一般项易于拆分为具有阿贝尔判别法和狄利克雷判别法特点的函数列的乘积 |

## 习题 5-4

**5-4-1** 判别下列函数项级数在所给区间上是否一致收敛.

（1）$\sum_{n=1}^{\infty}\frac{x^n}{(n-1)!}$，$x\in[-r,r]$；

（2）$\sum_{n=1}^{\infty}\frac{1}{(x+n)(x+n+1)}$，$x\in[0,+\infty]$；

（3）$\sum_{n=1}^{\infty}\frac{nx}{1+n^5x^2}$，$x\in(-\infty,+\infty)$；

（4）$\sum_{n=2}^{\infty}\frac{(-1)^n}{n+\sin x}$，$x\in[0,2\pi]$；

（5）$\sum_{n=1}^{\infty}\frac{n^2}{\sqrt{n!}}(x^n+x^{-n})$，$x\in\left[-3,-\frac{1}{3}\right]\cup\left[\frac{1}{3},3\right]$；

（6）$\sum_{n=1}^{\infty}\frac{\sin\left(n+\frac{1}{2}\right)x}{\sqrt[3]{n^4+x^4}}$，$x\in(-\infty,+\infty)$.

**5-4-2** 证明：函数项级数 $\sum_{n=0}^{\infty}(-1)^n x^n(1-x)$ 在 $[0,1]$ 上绝对且一致收敛，但 $\sum_{n=0}^{\infty}x^n(1-x)$ 在 $[0,1]$ 上并不一致收敛.

**5-4-3** 设函数项级数 $\sum u_n(x)$ 在 $D$ 上一致收敛于 $S(x)$，函数 $g(x)$ 在 $D$ 上有界. 证明：级数 $\sum g(x)u_n(x)$ 在 $D$ 上一致收敛于 $g(x)S(x)$.

**5-4-4** 证明：当 $\alpha>2$ 时，函数项级数 $\sum_{n=1}^{\infty}x^{\alpha}\mathrm{e}^{-nx^2}$ 在 $[0,+\infty)$ 上一致收敛.

**5-4-5** 证明：函数项级数

$$\sum_{n=1}^{\infty}\frac{x^n}{1+x+x^2+\cdots+x^{2n-1}}\cos nx$$

在 $[0,1]$ 上一致收敛.

**5-4-6** 求 $\sum_{n=1}^{\infty}n\left(x+\frac{1}{n}\right)^n$ 的收敛域，并判别其在收敛域内是否一致收敛.

## 5.5 一致收敛的函数项级数的性质

一致收敛的函数项级数具有以下性质.

（1）连续性.

**【要点】** 若函数项级数$\sum u_n(x)$在区间$[a,b]$上一致收敛，且每项$u_n(x)$都连续，则其和函数在$[a,b]$上也连续.

设$S(x)=\sum u_n(x)$，该结论说明，在一致收敛条件下，无穷项求和运算与求极限运算可以换序，即

$$\lim_{x\to x_0}\sum u_n(x)=\lim_{x\to x_0}S(x)=S(x_0)=\sum u_n(x_0)=\sum\lim_{x\to x_0}u_n(x).$$

（2）可积性（逐项求积）.

**【要点】** 若函数项级数$\sum u_n(x)$在区间$[a,b]$内一致收敛，且每项$u_n(x)$都连续，则

$$\int_a^b\sum u_n(x)\mathrm{d}x=\sum\int_a^b u_n(x)\mathrm{d}x.$$

（3）可微性（逐项求导）.

**【要点】** 若函数项级数$\sum u_n(x)$在区间$[a,b]$内的每项都有连续的导函数，$x_0\in[a,b]$为$\sum u_n(x)$的收敛点，且$\sum u_n'(x)$在区间$[a,b]$内一致收敛，则

$$\sum\left[\frac{\mathrm{d}}{\mathrm{d}x}u_n(x)\right]=\frac{\mathrm{d}}{\mathrm{d}x}\left[\sum u_n(x)\right].$$

以上结论说明，在一致收敛的条件下，即使没有求出函数项级数的和函数，也可以由函数项级数本身获得和函数的解析性质. 另外，对连续性和可微性，如果所讨论的并非闭区间，但在该区间上内闭一致收敛，则结论依然成立.

---

**例 5-5-1** 证明：函数$f(x)=\sum_{n=1}^{\infty}\left(x+\frac{1}{n}\right)^n$在$(-1,1)$内连续.

**证** 对$\forall r\in(0,1)$，考虑闭区间$[-r,r]\subset(-1,1)$上的函数项级数$\sum_{n=1}^{\infty}\left(x+\frac{1}{n}\right)^n$的收敛性质. 对$x\in[-r,r]\subset(-1,1)$，有

$$\left|\left(x+\frac{1}{n}\right)^n\right|\leqslant\left(|x|+\frac{1}{n}\right)^n\leqslant\left(r+\frac{1}{n}\right)^n.$$

根据柯西判别法，由于

$$\lim_{n\to\infty}\sqrt[n]{\left(r+\frac{1}{n}\right)^n}=\lim_{n\to\infty}\left(r+\frac{1}{n}\right)=r<1,$$

因此级数$\sum_{n=1}^{\infty}\left(r+\frac{1}{n}\right)^n$收敛.

根据优级数判别法，级数$\sum_{n=1}^{\infty}\left(x+\frac{1}{n}\right)^n$在任意$[-r,r]\subset(-1,1)$上均一致收敛，即函数项级数

$\sum_{n=1}^{\infty}\left(x+\frac{1}{n}\right)^n$ 在 $(-1,1)$ 上内闭一致收敛. 又显然该级数的一般项关于 $x$ 都是连续的，因此函数 $f(x)=\sum_{n=1}^{\infty}\left(x+\frac{1}{n}\right)^n$ 在 $(-1,1)$ 上连续.

根据连续性的结论可知其逆命题成立，当和函数不连续时，原函数项级数一定不一致收敛.

---

**例 5-5-2** 证明：$\sum_{n=1}^{\infty}\frac{x}{\left(1+x^2\right)^n}$ 在 $(0,+\infty)$ 内不一致收敛.

**证** 当 $x=0$ 时，级数和为 0.

当 $x\neq 0$ 时，原级数为等比级数，容易求出部分和函数为

$$S_n(x)=x\sum_{k=1}^{n}\frac{1}{\left(1+x^2\right)^k}$$

$$=x\frac{1}{1+x^2}\frac{1-\left(\frac{1}{1+x^2}\right)^n}{1-\frac{1}{1+x^2}}$$

$$=\frac{1-\left(\frac{1}{1+x^2}\right)^n}{x},$$

和函数为

$$S(x)=\lim_{n\to\infty}\frac{1-\left(\frac{1}{1+x^2}\right)^n}{x}=\frac{1}{x},$$

由此得到函数项级数的和函数为

$$S(x)=\begin{cases}0, & x=0\\ \frac{1}{x}, & x\neq 0\end{cases}.$$

因此，其和函数不是连续的. 从而，原函数项级数在 $(0,+\infty)$ 内不一致收敛.

---

**例 5-5-3** 已知 $S(x)=\sum_{n=1}^{\infty}n\mathrm{e}^{-nx}$，$x\in(0,+\infty)$.

（1）计算积分 $\int_{\ln 2}^{\ln 3}S(x)\mathrm{d}x$；

（2）证明：和函数 $S(x)$ 在 $(0,+\infty)$ 内无穷次可微.

**解** （1）对函数项级数 $S(x)=\sum_{n=1}^{\infty}n\mathrm{e}^{-nx}$，设 $u_n(x)=n\mathrm{e}^{-nx}$，显然为连续函数. 下面证明该函数项级数在 $[\ln 2,\ln 3]$ 内一致收敛. 由于

$$\left|u_n(x)\right|=\left|\frac{n}{\mathrm{e}^{nx}}\right|\leqslant\frac{n}{\mathrm{e}^{n\ln 2}}=\frac{n}{2^n},$$

且

$$\lim_{n\to\infty}\frac{\frac{n+1}{2^{n+1}}}{\frac{n}{2^n}}=\lim_{n\to\infty}\frac{n+1}{2^{n+1}}\cdot\frac{2^n}{n}=\frac{1}{2}<1,$$

根据达朗贝尔判别法的极限形式，可得级数$\sum_{n=1}^{\infty}\frac{n}{2^n}$收敛.

根据优级数判别法，函数项级数$\sum_{n=1}^{\infty}n\mathrm{e}^{-nx}$在$[\ln 2,\ln 3]$上一致收敛，因此$\sum_{n=1}^{\infty}n\mathrm{e}^{-nx}$逐项可积，具体计算如下：

$$\begin{aligned}\int_{\ln 2}^{\ln 3}S(x)\mathrm{d}x&=\int_{\ln 2}^{\ln 3}\sum_{n=1}^{\infty}n\mathrm{e}^{-nx}\mathrm{d}x=\sum_{n=1}^{\infty}\int_{\ln 2}^{\ln 3}n\mathrm{e}^{-nx}\mathrm{d}x\\&=\sum_{n=1}^{\infty}\int_{\ln 2}^{\ln 3}-\mathrm{e}^{-nx}\mathrm{d}(-nx)=\sum_{n=1}^{\infty}-\mathrm{e}^{-nx}\Big|_{\ln 2}^{\ln 3}\\&=\sum_{n=1}^{\infty}\left(\frac{1}{2^n}-\frac{1}{3^n}\right)=\frac{\frac{1}{2}}{1-\frac{1}{2}}-\frac{\frac{1}{3}}{1-\frac{1}{3}}=\frac{1}{2}.\end{aligned}$$

（2）证明其可微性.

i）$u_n(x)=n\mathrm{e}^{-nx}$在$(0,+\infty)$内为正项级数，根据正项级数比较原则的极限形式，由于

$$\lim_{n\to\infty}\frac{n\mathrm{e}^{-nx}}{\frac{1}{n^2}}=\lim_{n\to\infty}\frac{n^3}{\mathrm{e}^{nx}}=\lim_{t\to+\infty}\frac{t^3}{\mathrm{e}^{tx}}=\lim_{t\to+\infty}\frac{3t^2}{x\mathrm{e}^{tx}}=\lim_{t\to+\infty}\frac{6}{x^3\mathrm{e}^{tx}}=0<1,$$

因此该级数$\sum_{n=1}^{\infty}n\mathrm{e}^{-nx}$在$(0,+\infty)$内收敛，从而必有收敛点.

ii）$u_n'(x)=-n^2\mathrm{e}^{-nx}$关于$x\in(0,+\infty)$连续.

iii）由于

$$\sum_{n=1}^{\infty}u_n'(x)=\sum_{n=1}^{\infty}\left(-n^2\mathrm{e}^{-nx}\right)=\sum_{n=1}^{\infty}\left(-\frac{n^2}{\mathrm{e}^{nx}}\right),$$

对$\forall[a,b]\subset(0,+\infty)$，$0<a<b<+\infty$，有

$$\left|-\frac{n^2}{\mathrm{e}^{nx}}\right|\leqslant\frac{n^2}{\mathrm{e}^{na}},$$

且根据比较原则，易证$\sum_{n=1}^{\infty}\frac{n^2}{\mathrm{e}^{na}}$收敛. 因此根据优级数判别法，$\sum_{n=1}^{\infty}u_n'(x)$在$[a,b]\subset(0,+\infty)$内一致收敛，即$\sum_{n=1}^{\infty}u_n'(x)$在$(0,+\infty)$上内闭一致收敛. 从而$S(x)$在$(0,+\infty)$内可微，且导函数

$$S'(x)=\sum_{n=1}^{\infty}u_n'(x)=\sum_{n=1}^{\infty}\left(-\frac{n^2}{\mathrm{e}^{nx}}\right)\qquad\left(x\in(0,+\infty)\right).$$

用相同的方法，可以证明和函数$S(x)$在$(0,+\infty)$内无穷次可微，且有

$$S^{(k)}(x)=\sum_{n=1}^{\infty}u_n^{(k)}(x)=(-1)^k\sum_{n=1}^{\infty}\left(\frac{n^k}{\mathrm{e}^{nx}}\right)\qquad(k=1,2,\cdots).$$

---

**例 5-5-4** 设 $u_n(x)=\frac{1}{n^3}\ln\left(1+n^2x^2\right)(n=1,2,\cdots)$. 证明：函数项级数 $\sum_{n=1}^{\infty}u_n(x)$ 在 $[0,1]$ 上一致收敛，并讨论其和函数在 $[0,1]$ 上的连续性、可积性和可微性.

**证** 由于 $u_n(x)=\frac{1}{n^3}\ln\left(1+n^2x^2\right)$ 在 $[0,1]$ 上关于 $x$ 单调递增，因此

$$u_n(x)=\frac{1}{n^3}\ln\left(1+n^2x^2\right)\leqslant\frac{1}{n^3}\ln\left(1+n^2\right)\qquad(n=1,2,\cdots).$$

而容易证明，当 $t\geqslant1$ 时，有不等式 $\ln\left(1+t^2\right)<t$，从而有

$$u_n(x)\leqslant\frac{1}{n^3}\ln\left(1+n^2\right)<\frac{n}{n^3}=\frac{1}{n^2}\qquad(n=1,2,\cdots).$$

由于 $\sum_{n=1}^{\infty}\frac{1}{n^2}$ 收敛，根据优级数判别法，函数项级数 $\sum_{n=1}^{\infty}u_n(x)$ 在 $[0,1]$ 上一致收敛. 而且，$u_n(x)=\frac{1}{n^3}\ln\left(1+n^2x^2\right)$ 在 $[0,1]$ 上关于 $x$ 连续，因此连续性和可积性都成立. 又由于

$$u_n'(x)=\frac{1}{n^3}\cdot\frac{2n^2x}{1+n^2x^2}=\frac{2nx}{n^2\left(1+n^2x^2\right)}\leqslant\frac{1}{n^2}\qquad(n=1,2,\cdots),$$

根据优级数判别法，函数项级数 $\sum_{n=1}^{\infty}u_n'(x)$ 在 $[0,1]$ 上也一致收敛. 因此，函数项级数 $\sum_{n=1}^{\infty}u_n(x)$ 在 $[0,1]$ 上的可微性成立.

---

**例 5-5-5** 证明：函数项级数 $\sum_{n=1}^{\infty}\frac{\cos nx}{n^2+1}$ 在 $(0,2\pi)$ 上一致收敛，并且在 $(0,2\pi)$ 上有连续的导函数.

**证** 设 $u_n(x)=\frac{\cos nx}{n^2+1}$，由于对任意 $x\in(0,2\pi)$，有

$$\left|u_n(x)\right|=\left|\frac{\cos nx}{n^2+1}\right|\leqslant\frac{1}{n^2+1},$$

而由于 $\sum_{n=1}^{\infty}\frac{1}{n^2+1}$ 收敛，根据优级数判别法，级数 $\sum_{n=1}^{\infty}\frac{\cos nx}{n^2+1}$ 在 $x\in(0,2\pi)$ 上一致收敛. 另外，

$$u_n'(x)=\frac{-n\sin nx}{n^2+1},$$

显然其对任意 $x\in(0,2\pi)$ 是连续的.

下面证明

$$\sum_{n=1}^{\infty}u_n'(x)=\sum_{n=1}^{\infty}\frac{-n\sin nx}{n^2+1}$$

一致收敛. 设 $a_n(x)=\sin nx$，$b_n(x)=-\dfrac{n}{1+n^2}$，由例 5-4-14 证明过程可知

$$\left|\sum_{k=1}^{n}\sin kx\right|=\left|\frac{\cos\dfrac{x}{2}-\cos\left(n+\dfrac{1}{2}x\right)}{2\sin\dfrac{x}{2}}\right|\leqslant\left|\frac{1}{\sin\dfrac{x}{2}}\right|.$$

由于 $x\in(0,2\pi)$，因此 $\dfrac{x}{2}\in(0,\pi)$，对任意的 $0<a<b<2\pi$，$[a,b]\subset(0,2\pi)$.

对 $\forall x\in[a,b]\subset(0,2\pi)$，有 $\forall\dfrac{x}{2}\in\left[\dfrac{a}{2},\dfrac{b}{2}\right]\subset(0,\pi)$，取 $M=\min\limits_{x\in[a,b]}\left\{\sin\dfrac{x}{2}\right\}$，则有

$$\left|\sum_{k=1}^{n}\sin kx\right|=\left|\frac{\cos\dfrac{x}{2}-\cos\left(n+\dfrac{1}{2}x\right)}{2\sin\dfrac{x}{2}}\right|\leqslant\left|\frac{1}{\sin\dfrac{x}{2}}\right|\leqslant\frac{1}{M}.$$

因此，$\sum\limits_{k=1}^{n}a_k(x)=\sum\limits_{k=1}^{n}\sin kx$ 在 $[a,b]\subset(0,2\pi)$ 上一致有界.

容易证明 $b_n(x)=-\dfrac{n}{1+n^2}$ 关于 $n$ 单调递增，且 $b_n(x)=-\dfrac{n}{1+n^2}$，显然 $\{b_n(x)\}$ 关于 $x\in[a,b]\subset(0,2\pi)$ 一致收敛于 0.

从而根据狄利克雷判别法，$\sum\limits_{n=1}^{\infty}u_n'(x)=\sum\limits_{n=1}^{\infty}\dfrac{-n\sin nx}{n^2+1}$ 在任意 $[a,b]\subset(0,2\pi)$ 上一致收敛，即 $\sum\limits_{n=1}^{\infty}u_n'(x)$ 在 $x\in(0,2\pi)$ 上内闭一致收敛.

因此函数项级数 $\sum\limits_{n=1}^{\infty}\dfrac{\cos nx}{n^2+1}$ 在 $x\in(0,2\pi)$ 上可微，其导函数为

$$\sum_{n=1}^{\infty}u_n'(x)=\sum_{n=1}^{\infty}\frac{-n\sin nx}{n^2+1},$$

又由于 $\sum\limits_{n=1}^{\infty}u_n'(x)$ 在 $x\in(0,2\pi)$ 上内闭一致收敛，且 $u_n'(x)=\dfrac{-n\sin nx}{n^2+1}$ 在 $x\in(0,2\pi)$ 上连续，因此该函数项级数的导函数

$$\sum_{n=1}^{\infty}u_n'(x)=\sum_{n=1}^{\infty}\frac{-n\sin nx}{n^2+1}$$

在 $x\in(0,2\pi)$ 上连续.

---

**例 5-5-6** 证明：函数 $\varsigma(x)=\sum\limits_{n=1}^{\infty}\dfrac{1}{n^x}$ 在 $(1,+\infty)$ 上有连续的各阶导函数.

**证** 设 $u_n(x)=\dfrac{1}{n^x}$，则

$$u_n^{(k)}(x)=(-1)^k\frac{\ln^k n}{n^x}\qquad(k=1,2,\cdots).$$

设$[a,b]\subset(1,+\infty)$，对任意$x\in[a,b]$，有

$$\left|u_n^{(k)}(x)\right|=\frac{\ln^k n}{n^x}\leqslant\frac{\ln^k n}{n^a}\qquad(k=1,2,\cdots).$$

又由于

$$\frac{\ln^k n}{n^a}=\frac{1}{n^{\frac{a+1}{2}}}\cdot\frac{\ln^k n}{n^{\frac{a-1}{2}}},$$

应用归结原则和洛必达法则可以得到$\lim\limits_{n\to\infty}\dfrac{\ln^k n}{n^{\frac{a-1}{2}}}=0$.

由保号性可知，当$n$充分大以后，有$\dfrac{\ln^k n}{n^{\frac{a-1}{2}}}<1$，故有

$$\frac{\ln^k n}{n^a}=\frac{1}{n^{\frac{a+1}{2}}}\cdot\frac{\ln^k n}{n^{\frac{a-1}{2}}}<\frac{1}{n^{\frac{a+1}{2}}},$$

而$\sum\limits_{n=1}^{\infty}\dfrac{1}{n^{\frac{a+1}{2}}}$收敛. 因此根据优级数判别法，

$$\sum_{n=1}^{\infty}u_n^{(k)}(x)=\sum_{n=1}^{\infty}(-1)^k\frac{\ln^k n}{n^x}$$

在$[a,b]\subset(1,+\infty)$上一致收敛，由闭区间$[a,b]$的任意性可知，$\sum\limits_{n=1}^{\infty}u_n^{(k)}(x)$在$(1,+\infty)$上内闭一致收敛. 因此，函数$\varsigma(x)=\sum\limits_{n=1}^{\infty}\dfrac{1}{n^x}$在$(1,+\infty)$上有连续的各阶导函数，且

$$\varsigma^{(k)}(x)=\sum_{n=1}^{\infty}u_n^{(k)}(x)=\sum_{n=1}^{\infty}(-1)^k\frac{\ln^k n}{n^x}\qquad(k=1,2,\cdots).$$

**注:** 函数项级数一致收敛及一致收敛的函数项级数性质是难点，也是数学专业“数学分析”硕士研究生入学考试的重点，它是幂级数运用逐项求导或逐项求积计算和函数的理论基础.

---

下面再给出一些本节的综合例题.

---

**例 5-5-7** 证明:

（1）函数项级数$\sum\limits_{n=1}^{\infty}\dfrac{(-1)^n x^2}{\left(1+x^2\right)^n}$在$x\in[-1,1]$上一致收敛;

（2）函数项级数$\sum\limits_{n=1}^{\infty}\dfrac{x^2}{\left(1+x^2\right)^n}$在$x\in[-1,1]$上不一致收敛.

**证** (1)可以运用余项放大法，也可以运用狄利克雷判别法. 下面运用狄利克雷判别法. 设

$$u_n(x)=(-1)^n,\quad v_n(x)=\frac{x^2}{\left(1+x^2\right)^n},$$

则显然

$$\left|\sum_{k=1}^{n}u_k(x)\right|=\left|\sum_{k=1}^{n}(-1)^k\right|\leqslant 2$$

关于$x\in[-1,1]$一致有界.

而$v_n(x)=\dfrac{x^2}{(1+x^2)^n}$对每个$x\in[-1,1]$关于$n$单调递减，且当$x=0$时，$v_n(0)=0$；当$x\neq 0$时，

$$|v_n(x)|=\left|\frac{x^2}{(1+x^2)^n}\right|\leqslant\left|\frac{x^2}{nx^2}\right|=\frac{1}{n}\to 0\qquad(n\to\infty),$$

因此$v_n(x)=\dfrac{x^2}{(1+x^2)^n}$在$[-1,1]$上一致收敛于0.

根据狄利克雷判别法，函数项级数$\sum\limits_{n=1}^{\infty}\dfrac{(-1)^n x^2}{(1+x^2)^n}$在$x\in[-1,1]$上一致收敛.

（2）可由例 5-5-4 或例 5-5-2 得证，略.

---

**例 5-5-8** 设$a_n\to\infty$且级数$\sum\limits_{n=1}^{\infty}\left|\dfrac{1}{a_n}\right|$收敛. 证明：函数项级数$\sum\limits_{n=1}^{\infty}\dfrac{1}{x-a_n}$在不包含$a_n(n=1,2,\cdots)$的任何有界闭集合上绝对并一致收敛.

**证** 设$E$是任意一个不包含点$a_n(n=1,2,\cdots)$的有界闭集合，则存在常数$M>0$，使得当$x\in E$时有$|x|\leqslant M$且$\left|\dfrac{x}{a_n}\right|\neq 1(n=1,2,\cdots)$.

由于级数$\sum\limits_{n=1}^{\infty}\left|\dfrac{1}{a_n}\right|$收敛，因此$\lim\limits_{n\to\infty}\left|\dfrac{1}{a_n}\right|=0$. 因此，存在$N$，使得当$n>N$，$x\in E$时，有

$$\left|\frac{x}{a_n}\right|<\frac{1}{2},$$

于是，当$n>N$时，有

$$\begin{aligned}\left|\frac{1}{x-a_n}\right|&=\frac{1}{|a_n|}\frac{1}{\left|1-\dfrac{x}{a_n}\right|}\\&\leqslant\frac{1}{|a_n|}\frac{1}{1-\left|\dfrac{x}{a_n}\right|}\\&\leqslant\frac{1}{|a_n|}\frac{1}{1-\dfrac{1}{2}}=\frac{2}{|a_n|}.\end{aligned}$$

由于级数$\sum\limits_{n=1}^{\infty}\left|\dfrac{2}{a_n}\right|$收敛，根据优级数判别法，因此$\sum\limits_{n=1}^{\infty}\dfrac{1}{x-a_n}$在$E$上绝对并一致收敛.

**例 5-5-9** 设函数 $S(x)=\sum\limits_{n=1}^{\infty}\frac{x^n}{n^2\ln(1+n)}$. 证明：和函数 $S(x)$ 在 $[-1,1]$ 上连续，在 $(-1,1)$ 内可导.

**证** 设

$$u_n(x)=\frac{x^n}{n^2\ln(1+n)},$$

当 $x\in[-1,1]$ 时，显然

$$\begin{aligned}|u_n(x)|&=\left|\frac{x^n}{n^2\ln(1+n)}\right|\\&\leqslant\frac{1}{n^2\ln(1+n)}\qquad(n=1,2,\cdots),\end{aligned}$$

而且

$$\lim_{n\to\infty}\frac{\frac{1}{n^2\ln(1+n)}}{\frac{1}{n^2}}=\lim_{n\to\infty}\frac{1}{\ln(1+n)}=0<1.$$

根据比较原则的极限形式，级数 $\sum\limits_{n=1}^{\infty}\frac{1}{n^2\ln(1+n)}$ 收敛.

根据优级数判别法，级数 $\sum\limits_{n=1}^{\infty}\frac{x^n}{n^2\ln(1+n)}$ 在 $[-1,1]$ 上一致收敛.

设

$$u_n(x)=\frac{x^n}{n^2\ln(1+n)},$$

由于 $u_n(x)$ 在 $[-1,1]$ 上连续，因此和函数 $S(x)$ 在 $[-1,1]$ 上连续.

由于

$$u_n'(x)=\frac{nx^{n-1}}{n^2\ln(1+n)}=\frac{x^{n-1}}{n\ln(1+n)},$$

因此讨论级数

$$\sum_{n=1}^{\infty}u_n'(x)=\sum_{n=1}^{\infty}\frac{x^{n-1}}{n\ln(1+n)}.$$

设

$$a_n(x)=x^{n-1},\quad b_n(x)=\frac{1}{n\ln(1+n)},$$

可得 $\sum\limits_{n=1}^{\infty}a_n(x)=\sum\limits_{n=1}^{\infty}x^{n-1}$ 在 $(-1,1)$ 上内闭一致收敛.

又由于

$$\{b_n(x)\}=\left\{\frac{1}{n\ln(1+n)}\right\}$$

关于$n$单调递减，且在$(-1,1)$上一致收敛于0. 因此，根据阿贝尔判别法，级数

$$\sum_{n=1}^{\infty}u_n'(x)=\sum_{n=1}^{\infty}\frac{x^{n-1}}{n\ln(1+n)}$$

在$(-1,1)$上内闭一致收敛. 因此，和函数$S(x)$在$(-1,1)$上可导，且导函数

$$S'(x)=\sum_{n=1}^{\infty}u_n'(x)=\sum_{n=1}^{\infty}\frac{x^{n-1}}{n\ln(1+n)}.$$

---

**例 5-5-10** 确定如下函数$S(x)$的定义域并研究它们的连续性.

（1）$S(x)=\sum_{n=1}^{\infty}\left(x+\frac{1}{n}\right)^n$；（2）$S(x)=\sum_{n=1}^{\infty}\frac{x+(-1)^n n}{x^2+n^2}$.

**解** （1）由于

$$\lim_{n\to\infty}\sqrt[n]{\left|\left(x+\frac{1}{n}\right)^n\right|}=|x|,$$

根据柯西判别法，当$|x|<1$时，原函数项级数

$$S(x)=\sum_{n=1}^{\infty}\left(x+\frac{1}{n}\right)^n$$

绝对收敛.

当$|x|>1$时，原函数项级数发散.

当$|x|=1$时，一般项极限不为0，故发散.

因此，原函数项级数的收敛范围为$(-1,1)$. 对任意$0<\delta<1$，在闭子区间$[-1+\delta,1-\delta]\subset(-1,1)$上，由于$|x|\leqslant 1-\delta$，因此

$$\left|\left(x+\frac{1}{n}\right)^n\right|\leqslant\left(1-\delta+\frac{1}{n}\right)^n.$$

由柯西判别法可知，正项级数$\sum_{n=1}^{\infty}\left(1-\delta+\frac{1}{n}\right)^n$收敛，因此根据优级数判别法，函数项级数$\sum_{n=1}^{\infty}\left(x+\frac{1}{n}\right)^n$在$[-1+\delta,1-\delta]$上一致收敛. 由$\delta$的任意性可知，原函数项级数$\sum_{n=1}^{\infty}\left(x+\frac{1}{n}\right)^n$在$(-1,1)$上内闭一致收敛，而且一般项

$$\left\{\left(x+\frac{1}{n}\right)^n\right\}$$

在$(-1,1)$上连续. 因此，原函数项级数$S(x)=\sum_{n=1}^{\infty}\left(x+\frac{1}{n}\right)^n$在$(-1,1)$上连续.

（2）由于

$$\frac{x+(-1)^n n}{x^2+n^2}=\frac{x}{x^2+n^2}+\frac{(-1)^n n}{x^2+n^2},$$

并根据狄利克雷判别法，级数$\sum_{n=1}^{\infty}\frac{(-1)^n n}{x^2+n^2}$在$(-\infty,+\infty)$上一致收敛，因此，其和函数在$(-\infty,+\infty)$上连续.

又对任意的$M>0$，当$x\in[-M,M]$时，有

$$\left|\frac{x}{x^2+n^2}\right|\leqslant\frac{M}{n^2}.$$

由于级数$\sum_{n=1}^{\infty}\frac{M}{n^2}$收敛，并根据优级数判别法，级数$\sum_{n=1}^{\infty}\frac{x}{x^2+n^2}$在$[-M,M]$上一致收敛，从而其和函数在$[-M,M]$上连续，再由$M$的任意性可知其和函数在$(-\infty,+\infty)$上连续.

因此，原函数项级数$S(x)=\sum_{n=1}^{\infty}\frac{x+(-1)^n n}{x^2+n^2}$在$(-\infty,+\infty)$上连续.

---

**例 5-5-11** 设函数$S(x)=\sum_{n=1}^{\infty}\frac{1}{x+2^n}$，式中，$x\in(0,+\infty)$. 证明:

（1）$S(x)$在$(0,+\infty)$上连续;

（2）$\lim\limits_{x\to\infty}S(x)=0$.

**证** （1）当$x\in(0,+\infty)$时，有

$$\left|\frac{1}{x+2^n}\right|\leqslant\frac{1}{2^n},$$

由于级数$\sum_{n=1}^{\infty}\frac{1}{2^n}$收敛，并根据优级数判别法，级数$\sum_{n=1}^{\infty}\frac{1}{x+2^n}$在$(0,+\infty)$上一致收敛，从而函数$S(x)$在$(0,+\infty)$上连续.

（2）根据函数项级数连续的性质，有

$$\lim_{x\to\infty}S(x)=\lim_{x\to\infty}\sum_{n=1}^{\infty}\frac{1}{x+2^n}=\sum_{n=1}^{\infty}\lim_{x\to\infty}\frac{1}{x+2^n}=0.$$

---

**例 5-5-12** 研究函数项级数

$$\sum_{n=1}^{\infty}\cos\frac{(2n+1)x}{2n(n+1)}\cdot\sin\frac{x}{2n(n+1)}$$

在以下区间上是否一致收敛.

（1）$[-l,l](l>0)$； （2）$(-\infty,+\infty)$.

**解** （1）当$x\in[-l,l]$时，有

$$\left|\cos\frac{(2n+1)x}{2n(n+1)}\cdot\sin\frac{x}{2n(n+1)}\right|\leqslant\frac{l}{2n(n+1)},$$

又由于级数$\sum_{n=1}^{\infty}\frac{l}{2n(n+1)}$收敛，因此根据优级数判别法，原函数项级数

$$\sum_{n=1}^{\infty}\cos\frac{(2n+1)x}{2n(n+1)}\cdot\sin\frac{x}{2n(n+1)}$$

在$[-l,l]$上一致收敛.

（2）取$x_n=2n(n+1)\frac{\pi}{4}\in(-\infty,+\infty)$，则一般项为

$$\cos\frac{(2n+1)x_n}{2n(n+1)}\cdot\sin\frac{x_n}{2n(n+1)}=\cos\left[(2n+1)\frac{\pi}{4}\right]\sin\frac{\pi}{4}$$
$$=\frac{1}{2}\left[-\sin\frac{n\pi}{2}+\sin\frac{(n+1)\pi}{2}\right].$$

显然，其不一致收敛于0，因此原函数项级数

$$\sum_{n=1}^{\infty}\cos\frac{(2n+1)x}{2n(n+1)}\cdot\sin\frac{x}{2n(n+1)}$$

在$(-\infty,+\infty)$上不一致收敛.

---

**例 5-5-13** 证明：函数项级数$\sum_{n=1}^{\infty}(-1)^{n-1}\frac{1}{n+x^2}$在$(-\infty,+\infty)$上一致收敛，但是不绝对收敛.

**证** 设$u_n(x)=(-1)^{n-1}$，$v_n(x)=\frac{1}{n+x^2}$，显然，部分和函数列$\sum_{k=1}^{n}u_k(x)=\sum_{k=1}^{n}(-1)^{k-1}$在$(-\infty,+\infty)$上一致有界.

由于$\{v_n(x)\}$对每个$x\in(-\infty,+\infty)$关于$n$单调递减，且由于对任意$x\in(-\infty,+\infty)$，有

$$|v_n(x)|=\left|\frac{1}{n+x^2}\right|\leqslant\frac{1}{n}\to 0(n\to\infty),$$

这说明$\{v_n(x)\}$在$(-\infty,+\infty)$上一致收敛于0. 因此，根据狄利克雷判别法，原函数项级数$\sum_{n=1}^{\infty}(-1)^{n-1}\frac{1}{n+x^2}$在$(-\infty,+\infty)$上一致收敛.

由于

$$\sum_{n=1}^{\infty}\left|(-1)^{n-1}\frac{1}{n+x^2}\right|=\sum_{n=1}^{\infty}\frac{1}{n+x^2}$$

为正项级数，运用正项级数比较原则的极限形式，有

$$\lim_{n\to\infty}\frac{\frac{1}{n+x^2}}{\frac{1}{n}}=1,$$

又由于$\sum_{n=1}^{\infty}\frac{1}{n}$发散，因此级数$\sum_{n=1}^{\infty}\frac{1}{n+x^2}$也发散，即不一致收敛. 从而原函数项级数

$$\sum_{n=1}^{\infty}(-1)^{n-1}\frac{1}{n+x^2}$$

不绝对收敛.

---

## 习题 5-5

**5-5-1** 已知$\sum_{n=1}^{\infty}\frac{(-1)^{n-1}}{n}=\ln 2$，证明：

$$\lim_{x\to 1}\sum_{n=1}^{\infty}\frac{(-1)^{n-1}}{n^x}=\ln 2 .$$

**5-5-2** 证明：函数$S(x)=\sum_{n=1}^{\infty}\frac{\cos nx}{n^4}$在$(-\infty,+\infty)$上有二阶连续导函数，并计算$S''(x)$.

**5-5-3** 证明：定义在$[0,2\pi]$上的函数项级数$\sum_{n=0}^{\infty}r^n\cos nx\,(0<r<1)$一致收敛，且

$$\int_0^{2\pi}\left(\sum_{n=0}^{\infty}r^n\cos nx\right)\mathrm{d}x=2\pi .$$

**5-5-4** 设$S(x)=\sum_{n=1}^{\infty}\frac{\cos nx}{n\sqrt{n}}$，$x\in(-\infty,+\infty)$，计算积分$\int_0^x s(t)\,\mathrm{d}t$.

# 第 6 章

# 多元微积分

# 6.1 多元函数极限与连续

### 6.1.1 重极限与累次极限

【要点】 (1) 设 $f$ 为定义在 $D\subset R^n$ 上的 $n$ 元函数，$P_0$ 是 $D$ 的聚点，$A$ 为常数，若 $\forall\varepsilon>0$，$\exists\delta>0$，$\forall P\in U(P_0,\delta)\cap D$，有 $\left|f(P)-A\right|<\varepsilon$，则称 $A$ 为 $f$ 当 $P\to P_0$ 时的极限（重极限），记为

$$\lim_{P\to P_0} f(P)=A.$$

上述定义与一元函数的极限完全一样，但现在是在高维空间中讨论，$P\to P_0$ 是指 $P$ 以任何方式趋于 $P_0$.

(2) 重极限与累次极限的存在性没有必然的蕴含关系，但有时可以利用累次极限不相同来论证重极限不存在.

(3) 求多元函数极限有如下常用方法:

① 利用不等式缩放或夹逼准则;

② 利用变量替换化简或化为已知极限;

③ 利用初等变形，如分母有理化或取对数法.

---

**例 6-1-1** 证明: 对函数 $f(x,y)=\dfrac{x^2y^2}{x^2y^2+(x-y)^2}$，有

$$\lim_{x\to0}\left\{\lim_{y\to0}f(x,y)\right\}=\lim_{y\to0}\left\{\lim_{x\to0}f(x,y)\right\}=0,$$

而 $\lim\limits_{\substack{x\to0\\y\to0}}f(x,y)$ 不存在.

**证**

$$\lim_{x\to0}\left\{\lim_{y\to0}f(x,y)\right\}=\lim_{x\to0}\left\{\lim_{y\to0}\frac{x^2y^2}{x^2y^2+(x-y)^2}\right\}=\lim_{x\to0}0=0,$$

$$\lim_{x\to0}\left\{\lim_{y\to0}f(x,y)\right\}=\lim_{y\to0}\left\{\lim_{x\to0}\frac{x^2y^2}{x^2y^2+(x-y)^2}\right\}=\lim_{y\to0}0=0.$$

如果按 $y=kx\to0$ 的方向取极限，则有

$$\lim_{\substack{y=kx\\x\to0}}f(x,y)=\lim_{x\to0}\frac{k^2x^4}{k^2x^4+(1-k)^2x^2}.$$

特别地，分别取 $k=0$ 及 $k=1$ 可得到不同的极限 0 及 1. 因此，$\lim\limits_{\substack{x\to0\\y\to0}}f(x,y)$ 不存在.

---

**例 6-1-2** 已知 $f(x,y)=(x+y)\sin\dfrac{1}{x}\cdot\sin\dfrac{1}{y}$，试证:

$$\lim_{x\to 0}\left\{\lim_{y\to 0} f(x,y)\right\}$$

和

$$\lim_{y\to 0}\left\{\lim_{x\to 0} f(x,y)\right\}$$

不存在，而 $\lim\limits_{\substack{x\to 0\\ y\to 0}} f(x,y)=0$.

**证**　由不等式

$$0\leqslant (x+y)\sin\frac{1}{x}\cdot\sin\frac{1}{y}\leqslant |x+y|\leqslant |x|+|y|,$$

知

$$\lim_{\substack{x\to 0\\ y\to 0}} f(x,y)=0.$$

但当 $x\neq\dfrac{1}{k\pi}$，$y\to 0$ 时，$(x+y)\sin\dfrac{1}{x}\cdot\sin\dfrac{1}{y}$ 的极限不存在，因此，累次极限

$$\lim_{x\to 0}\left\{\lim_{y\to 0} f(x,y)\right\}$$

不存在. 同理可证，累次极限 $\lim\limits_{y\to 0}\left\{\lim\limits_{x\to 0} f(x,y)\right\}$ 也不存在.

---

**例 6-1-3**　讨论 $f(x,y)=\dfrac{x-y+x^2+y^2}{x+y}$ 在原点 $(0,0)$ 处的重极限.

**解**　由于

$$\lim_{y\to 0}\left\{\lim_{x\to 0} f(x,y)\right\}=\lim_{y\to 0}\frac{y^2-y}{y}=-1,$$

$$\lim_{x\to 0}\left\{\lim_{y\to 0} f(x,y)\right\}=\lim_{x\to 0}\frac{x+x^2}{x}=1,$$

故 $f(x,y)$ 在原点 $(0,0)$ 处的重极限不存在.

---

**例 6-1-4**　求下列极限:

（1）$\lim\limits_{\substack{x\to\infty\\ y\to\infty}}\dfrac{|x|+|y|}{x^2+y^2}$;

（2）$\lim\limits_{\substack{x\to 0\\ y\to 0}}\dfrac{x^3+y^3}{x^2+y^2}$;

（3）$\lim\limits_{\substack{x\to 0\\ y\to 0}}(x^2+y^2)^{xy}$.

**解**（1）由不等式

$$\begin{aligned}0\leqslant\frac{|x|+|y|}{x^2+y^2}&=\frac{|x|}{x^2+y^2}+\frac{|y|}{x^2+y^2}\\&\leqslant\frac{|x|}{x^2}+\frac{|y|}{y^2}=\frac{1}{|x|}+\frac{1}{|y|},\end{aligned}$$

以及

$$\lim_{\substack{x\to\infty\\y\to\infty}}\left(\frac{1}{|x|}+\frac{1}{|y|}\right)=0,$$

借助夹逼准则，有

$$\lim_{\substack{x\to\infty\\y\to\infty}}\frac{|x|+|y|}{x^2+y^2}=0.$$

（2）令 $x=r\cos\theta$，$y=r\cos\theta$，则

$$\lim_{\substack{x\to0\\y\to0}}\frac{x^3+y^3}{x^2+y^2}=\lim_{r\to0}r\left(\cos^3\theta+\sin^3\theta\right)=0.$$

（3）令 $x=r\cos\theta$，$y=r\cos\theta$，则

$$\begin{aligned}\left|xy\ln\left(x^2+y^2\right)\right|&\leqslant\frac{x^2+y^2}{2}\ln\left(x^2+y^2\right)\\&=\frac{r^2}{2}\ln r^2\left(r\to0\right)\end{aligned},$$

故

$$\lim_{\substack{x\to0\\y\to0}}(x^2+y^2)^{xy}=\mathrm{e}^0=1.$$

### 6.1.2 多元函数连续性

**【要点】** 设 $f$ 为定义在 $D\subset\mathbf{R}^n$ 上的 $n$ 元函数，$P_0$ 是 $D$ 的聚点，若

$$\lim_{P\to P_0}f\left(P\right)=f\left(P_0\right),$$

则称 $f$ 在 $P_0$ 处连续，否则称 $f$ 在 $P_0$ 处不连续或间断. 若 $f$ 在 $D$ 上的每一点都连续，则称 $f$ 在 $D$ 上连续. 值得注意的是，多元函数 $f$ 对每个变量都连续并不意味着多元函数 $f$ 本身连续.

**例 6-1-5** 证明：函数

$$f\left(x,y\right)=\begin{cases}\dfrac{xy}{x^2+y^2}, & x^2+y^2\neq0\\0, & x^2+y^2=0\end{cases}$$

分别对每个变量 $x$ 或 $y$（当另一个变量的值固定时）是连续的，但 $f(x,y)$ 本身是不连续的.

**证** 先固定变量 $y$，令 $y=m$，且 $m\neq0$，则可得关于变量 $x$ 的函数：

$$g\left(x\right)=f\left(x,m\right)=\begin{cases}\dfrac{mx}{x^2+m^2}, & x\neq0\\0, & x=0\end{cases},$$

即

$$g\left(x\right)=\frac{mx}{x^2+m^2}\qquad\left(-\infty<x<+\infty\right),$$

它是处处有定义的有理函数. 又由于当 $y=0$ 时，$f\left(x,0\right)\equiv0$，它显然是连续的.

于是，当变量 $y$ 固定时，$f(x,y)$ 对变量 $x$ 是连续的.

同理可证，当变量 $x$ 固定时，$f(x,y)$ 对变量 $y$ 是连续的.

作为二元函数，$f(x,y)$ 虽然在除点 $(0,0)$ 外的各点处均连续，但在点 $(0,0)$ 处不连续. 事实上，当动点 $Q(x,y)$ 沿线 $y=kx$ 趋于原点时，有

$$\lim_{\substack{y=kx\\x\to0}} f(x,y)=\lim_{x\to0}\frac{kx^2}{(1+k^2)x^2}=\lim_{x\to0}\frac{k}{1+k^2}.$$

对不同的 $k$，可得不同的极限值，从而可知极限 $\lim\limits_{\substack{x\to0\\y\to0}} f(x,y)$ 不存在. 因此，$f(x,y)$ 在原点处不连续.

---

**例 6-1-6**　证明：若函数 $f(x,y)$ 在某域 $G$ 内对变量 $x$ 是连续的，而关于 $x$ 对变量 $y$ 是一致连续的，则此函数在 $G$ 内是连续的.

**证**　任取点 $P(x_0,y_0)\in G$. 由于函数 $f(x,y)$ 关于 $x$ 对变量 $y$ 是一致连续的，故 $\forall\varepsilon>0$，存在 $\delta_1=\delta_1(\varepsilon)>0$，使得当 $(x,y_1)\in G$，$(x,y_2)\in G$，并且 $|y_1-y_2|<\delta_1$ 时，有

$$|f(x,y_1)-f(x,y_2)|<\frac{\varepsilon}{2}.$$

又由于 $f(x,y)$ 在点 $(x_0,y_0)$ 处关于变量 $x$ 是连续的，故对上面给定的 $\varepsilon>0$，存在 $\delta_2=\delta_2(\varepsilon)>0$，使得当 $|x-x_0|<\delta_2$ 时，有

$$|f(x,y_0)-f(x_0,y_0)|<\frac{\varepsilon}{2}.$$

取 $\delta=\min\{\delta_1,\delta_2\}$，则当点 $P_1(x,y)\in U(P,\delta)\cap G$ 时，有

$$|x-x_0|<\delta\leqslant\delta_2,$$

以及

$$|y-y_0|<\delta\leqslant\delta_1,$$

从而有

$$\begin{aligned}|f(x,y)-f(x_0,y_0)|&\leqslant|f(x,y)-f(x,y_0)|+|f(x,y_0)-f(x_0,y_0)|\\&<\frac{\varepsilon}{2}+\frac{\varepsilon}{2}=\varepsilon.\end{aligned}$$

因此，函数 $f(x,y)$ 在点 $P$ 处连续. 由点 $P$ 的任意性知，$f(x,y)$ 在 $G$ 内连续.

---

**例 6-1-7**　证明：若函数 $f(x,y)$ 在某域 $G$ 内对变量 $x$ 是连续的，并满足对变量 $y$ 的 Lipschitz 条件，即

$$|f(x,y_1)-f(x,y_2)|\leqslant L|y_1-y_2|,$$

式中，$(x,y_1)\in G$，$(x,y_2)\in G$ 且 $L$ 为常数，则此函数在 $G$ 内是连续的.

**证**　$\forall P(x_0,y_0)\in G$，由于函数 $f(x,y_0)$ 在 $G$ 内对 $x_0$ 是连续的，所以 $\forall\varepsilon>0$，$\exists\delta_1(x_0,y_0)>0$，当 $(x,y_0)\in G$ 且 $|x-x_0|<\delta_1$ 时有

$$|f(x,y_0)-f(x_0,y_0)|<\frac{\varepsilon}{2}.$$

取$\delta_2=\dfrac{\varepsilon}{2L}>0$，当$(x,y)\in G$，$(x,y_0)\in G$且$|y-y_0|<\delta_2$时，有

$$\begin{aligned}|f(x,y)-f(x,y_0)|&\leqslant L|y-y_0|\\&<L\frac{\varepsilon}{2L}=\frac{\varepsilon}{2}.\end{aligned}$$

取$\delta=\min\{\delta_1,\delta_2\}$，当$P_1(x,y)\in U(P,\delta)\cap G$时，有

$$|x-x_0|<\delta\leqslant\delta_2,$$

以及

$$|y-y_0|<\delta\leqslant\delta_1,$$

从而有

$$\begin{aligned}|f(x,y)-f(x_0,y_0)|&\leqslant|f(x,y)-f(x,y_0)|+|f(x,y_0)-f(x_0,y_0)|\\&<\frac{\varepsilon}{2}+\frac{\varepsilon}{2}=\varepsilon.\end{aligned}$$

因此，函数$f(x,y)$在点$P$处连续. 由点$P$的任意性知，函数$f(x,y)$在区域$G$内连续.

---

**例 6-1-8** 证明：若函数$f(x,y)$在某域$G$内分别对每个变量$x$和$y$是连续的，并且对其中的一个是单调的，则此函数在$G$内是连续的.

**证** 不妨设$f(x,y)$关于变量$x$是单调的.

任取点$P(x_0,y_0)\in G$. 由于$f(x,y)$关于变量$x$是连续的，故$\forall\varepsilon>0$，$\exists\delta_1>0$（假定$\delta_1$足够小，使我们所考虑的点都落在$G$内），使得当$|x-x_0|<\delta_1$时，有

$$|f(x,y_0)-f(x_0,y_0)|<\frac{\varepsilon}{2}.$$

对点$(x_0-\delta_1,y_0)$及$(x_0+\delta_1,y_0)$，由于$f(x,y)$关于变量$y$是连续的，故对上面给定的$\varepsilon>0$，$\exists\delta_2>0$（假定$\delta_2$足够小，使我们所考虑的点都落在$G$内），使得当$|y-y_0|<\delta_2$时，有

$$|f(x_0-\delta_1,y)-f(x_0-\delta_1,y_0)|<\frac{\varepsilon}{2},$$

以及

$$|f(x_0+\delta_1,y)-f(x_0+\delta_1,y_0)|<\frac{\varepsilon}{2}.$$

令$\delta=\min\{\delta_1,\delta_2\}$，则当$|\Delta x|<\delta$，$|\Delta y|<\delta$时，由于$f(x,y)$关于$x$单调，故有

$$\begin{aligned}&|f(x_0+\Delta x,y_0+\Delta y)-f(x_0,y_0)|\\&\leqslant\max\{|f(x_0+\delta_1,y_0+\Delta y)-f(x_0,y_0)|,|f(x_0-\delta_1,y_0+\Delta y)-f(x_0,y_0)|\}.\end{aligned}$$

又由于

$$\begin{aligned}&|f(x_0\pm\delta_1,y_0+\Delta y)-f(x_0,y_0)|\\&\leqslant|f(x_0\pm\delta_1,y_0+\Delta y)-f(x_0\pm\delta_1,y_0)|+|f(x_0\pm\delta_1,y_0)-f(x_0,y_0)|\\&<\frac{\varepsilon}{2}+\frac{\varepsilon}{2}<\varepsilon,\end{aligned}$$

故当$|\Delta x|<\delta$，$|\Delta y|<\delta$时，有

$$\left|f\left(x_0+\Delta x,y_0+\Delta y\right)-f\left(x_0,y_0\right)\right|<\varepsilon,$$

即 $f(x,y)$ 在点 $P$ 处连续. 由点 $P$ 的任意性知，$f(x,y)$ 在 $G$ 内连续.

## 习题 6-1

**6-1-1**　讨论下列函数在原点处的累次极限和重极限：

（1）$f(x,y)=\dfrac{xy}{x^2+y^2}$；

（2）$f(x,y)=\dfrac{xy}{x+y}$；

（3）$f(x,y)=y\sin\dfrac{1}{x}$；

（4）$f(x,y)=\dfrac{x^2y^2}{x^2y^2+(x-y)^2}$.

**6-1-2**　讨论下列函数在原点处的连续性：

（1）$f(x,y)=\begin{cases}\dfrac{\sin xy}{\sqrt{x^2+y^2}}, & x^2+y^2\neq 0\\ 0, & x^2+y^2=0\end{cases}$；

（2）$f(x,y)=\begin{cases}y^2\ln\left(x^2+y^2\right), & x^2+y^2\neq 0\\ 0, & x^2+y^2=0\end{cases}$.

**6-1-3**　设 $f(x,y)$ 在 $G=\left\{(x,y):x^2+y^2<1\right\}$ 上有定义，若

（1）$f(x,0)$ 在点 $x=0$ 处连续；

（2）$f_y'(x,y)$ 在 $G$ 上有界.

则 $f(x,y)$ 在 $(0,0)$ 处连续.

**6-1-4**　设 $f(x,y)$ 在矩形 $D:-a\leqslant x\leqslant a,\ -b\leqslant y\leqslant b(a>0,b>0)$ 上分别是 $x$ 和 $y$ 的连续函数，而且 $f(0,0)=0$. 当 $x$ 固定时，$f(x,y)$ 是 $y$ 的严格递减函数. 证明：$\exists\delta>0$，使得对每个 $x\in(-\delta,\delta)$ 有 $y\in(-b,b)$ 满足 $f(x,y)=0$.

# 6.2 多元函数可微性

本节是基础性内容，难点是可微性的讨论及变量替换.

## 6.2.1 偏导数计算

**【要点】** 偏导数的定义.

**例 6-2-1** 设 $f(x,y)=x^2\mathrm{e}^y+(x-1)\arctan\dfrac{y}{x}$，求它在$(1,0)$点处的偏导数.

**解** 方法 I）因为 $f(x,0)=x^2$，所以$f_x'(1,0)=2$.

同样，因为$f(1,y)=\mathrm{e}^y$，所以$f_y'(1,0)=1$.

方法 II）因为 $f_x'(x,y)=2x\mathrm{e}^y+\arctan\dfrac{y}{x}+\dfrac{y(1-x)}{x^2+y^2}$，所以$f_x'(1,0)=2$.

同样，因为$f_y'(x,y)=x^2\mathrm{e}^y+\dfrac{x(x-1)}{x^2+y^2}$，所以$f_y'(1,0)=1$.

**例 6-2-2** 求

$$f(x,y)=\begin{cases} y\ln\left(x^2+y^2\right), & (x,y)\neq(0,0) \\ 0, & (x,y)=(0,0) \end{cases}$$

在点$(0,0)$处的偏导数.

**解** 由于

$$\frac{f(\Delta x,0)-f(0,0)}{\Delta x}=\frac{0-0}{\Delta x}=0,$$

$$\frac{f(0,\Delta y)-f(0,0)}{\Delta y}=\frac{\Delta y\ln(\Delta y)^2}{\Delta y}=\ln(\Delta y)^2,$$

从而$\dfrac{\partial f}{\partial x}(0,0)=0$，$\dfrac{\partial f}{\partial y}(0,0)$不存在.

**例 6-2-3** 设

$$f(x,y)=\begin{cases} xy\dfrac{x^2-y^2}{x^2+y^2}, & (x,y)\neq(0,0) \\ 0, & (x,y)=(0,0) \end{cases},$$

试求$f_{xy}''(0,0)$与$f_{yx}''(0,0)$.

**解** 由于

$$f_x'(x,y)=\begin{cases} y\dfrac{x^4+4x^2y^2-y^4}{\left(x^2+y^2\right)^2}, & (x,y)\neq(0,0) \\ 0, & (x,y)=(0,0) \end{cases},$$

因此

$$f_x'(0,y)=\begin{cases}-y, & y\neq 0\\ 0, & y=0\end{cases}=-y,$$

所以

$$f_{xy}''(0,0)=\left[f_x'(0,y)\right]_y'\Big|_{y=0}=-1.$$

同理可得 $f_{yx}''(0,0)=1$.

## 6.2.2　复合函数可微性

**例 6-2-4**　求函数 $u=f\left(xy,\dfrac{y}{x}\right)$的二阶偏导数.

**解**　先求一阶偏导数:

$$u_x'=yf_1'-\frac{y}{x^2}f_2',$$

$$u_y'=xf_1'+\frac{1}{x}f_2'.$$

再求二阶偏导数:

$$u_{xx}''=y^2f_{11}''-\frac{y^2}{x^2}f_{12}''+\frac{y^2}{x^4}f_{22}''+\frac{2y}{x^3}f_2',$$

$$u_{xy}''=xyf_{11}''-\frac{y}{x^3}f_{22}''+f_1'-\frac{1}{x^2}f_2',$$

$$u_{yy}''=x^2f_{11}''+2f_{12}''+\frac{1}{x^2}f_{22}''.$$

**例 6-2-5**　设$u(x,y)$的所有二阶偏导数都连续，且

$$\frac{\partial^2 u}{\partial x^2}-\frac{\partial^2 u}{\partial y^2}=0，u(x,2x)=x，u_x'(x,2x)=x^2,$$

试求$u_{xx}''(x,2x)$、$u_{xy}''(x,2x)$和$u_{yy}''(x,2x)$.

**解**　由$u(x,2x)=x$对$x$求导得

$$u_x'(x,2x)+u_y'(x,2x)\cdot 2=1,$$

由于$u_x'(x,2x)=x^2$，故

$$u_y'(x,2x)=\frac{1-x^2}{2},$$

对$x$求导得

$$u_{yx}''(x,2x)+2u_{yy}''(x,2x)=-x.$$

由$u_x'(x,2x)=x^2$对$x$求导得

$$u'_y(x,2x)=\frac{1-x^2}{2},$$

对 $x$ 求导得

$$u''_{xx}(x,2x)+2u''_{xy}(x,2x)=2x.$$

已知

$$u''_{xx}-u''_{yy}=0,$$

并且二阶导数连续，所以 $u''_{xy}=u''_{yx}$，可得

$$u''_{xx}(x,2x)=u''_{yy}(x,2x)=-\frac{4}{3}x,$$

$$u''_{xy}(x,2x)=u''_{yx}(x,2x)=\frac{5}{3}x.$$

---

**例 6-2-6** 证明：函数

$$u(x,t)=\frac{1}{2a\sqrt{\pi t}}\mathrm{e}^{-\frac{x^2}{4a^2t}}$$

在上半平面 $\mathbf{R}_+^2=\{(x,t)\in\mathbf{R}^2\,|\,t>0\}$ 上满足方程

$$\frac{\partial u}{\partial t}-a^2\frac{\partial^2 u}{\partial x^2}=0,$$

式中，$a>0$.

**证** $\forall(x,t)\in\mathbf{R}_+^2$，由于

$$\begin{aligned}\frac{\partial u}{\partial t}&=\frac{1}{2a\sqrt{\pi}}\left(-\frac{1}{2}\cdot\frac{1}{t^{\frac{3}{2}}}\mathrm{e}^{-\frac{x^2}{4a^2t}}+\frac{1}{t^{\frac{1}{2}}}\mathrm{e}^{-\frac{x^2}{4a^2t}}\frac{x^2}{4a^2t^2}\right)\\&=\frac{1}{4a\sqrt{\pi}t^{\frac{3}{2}}}\mathrm{e}^{-\frac{x^2}{4a^2t}}\left(-1+\frac{x^2}{2a^2t}\right),\end{aligned}$$

$$\frac{\partial u}{\partial x}=\frac{1}{2a\sqrt{\pi t}}\mathrm{e}^{-\frac{x^2}{4a^2t}}\left(-\frac{x}{2a^2t}\right),$$

$$\begin{aligned}\frac{\partial^2 u}{\partial x^2}&=\frac{1}{2a\sqrt{\pi t}}\mathrm{e}^{-\frac{x^2}{4a^2t}}\left(\mathrm{e}^{-\frac{x^2}{4a^2t}}\frac{x^2}{4a^4t^2}-\frac{1}{2a^2t}\mathrm{e}^{-\frac{x^2}{4a^2t}}\right)\\&=\frac{1}{4a^3\sqrt{\pi}t^{\frac{3}{2}}}\mathrm{e}^{-\frac{x^2}{4a^2t}}\left(-1+\frac{x^2}{2a^2t}\right).\end{aligned}$$

所以

$$\frac{\partial u}{\partial t}-a^2\frac{\partial^2 u}{\partial x^2}=0.$$

---

### 6.2.3　多元函数可微性应用

**例 6-2-7**　设

$$f(x,y)=\begin{cases} xy\sin\dfrac{1}{\sqrt{x^2+y^2}}, & x^2+y^2\neq 0 \\ 0, & x^2+y^2=0 \end{cases},$$

试证：（1）$f_x'(0,0)$，$f_y'(0,0)$存在；

（2）$f_x'(x,y)$与$f_y'(x,y)$在点$(0,0)$处不连续；

（3）$f(x,y)$ 在点$(0,0)$处可微.

**证**　（1）因为 $f(x,0)\equiv 0$，所以$f_x'(0,0)=0$；同样，因为 $f(0,y)\equiv 0$，所以 $f_y'(0,0)=0$.

（2）容易求出

$$f_x'(x,y)=\begin{cases} y\sin\dfrac{1}{\sqrt{x^2+y^2}}-\dfrac{yx^2}{\left(x^2+y^2\right)^{\frac{3}{2}}}\cos\dfrac{1}{\sqrt{x^2+y^2}}, & x^2+y^2\neq 0 \\ 0, & x^2+y^2=0 \end{cases}.$$

令 $y=x$，则

$$f_x'(x,y)=x\sin\frac{1}{\sqrt{2}x}-\frac{2}{2\sqrt{2}}\cos\frac{1}{\sqrt{2}x}\not\to 0 \qquad (x\to 0),$$

故 $f_x'(x,y)$在点$(0,0)$处不连续.

同理可知

$$f_y'(x,y)=\begin{cases} x\sin\dfrac{1}{\sqrt{x^2+y^2}}-\dfrac{xy^2}{\left(x^2+y^2\right)^{\frac{3}{2}}}\cos\dfrac{1}{\sqrt{x^2+y^2}}, & x^2+y^2\neq 0 \\ 0, & x^2+y^2=0 \end{cases},$$

所以 $f_y'(x,y)$ 在点$(0,0)$处不连续.

（3）由于

$$\left|\frac{xy}{\sqrt{x^2+y^2}}\sin\frac{1}{\sqrt{x^2+y^2}}\right|\leqslant\frac{1}{2}\sqrt{x^2+y^2}\to 0\left(x^2+y^2\to 0\right),$$

所以

$$f(x,y)-f(0,0)=0\cdot x+0\cdot y+o\left(\sqrt{x^2+y^2}\right).$$

按微分定义，$f(x,y)$在点$(0,0)$处可微.

**例 6-2-8**　$f_x'(x,y)$在点$(x_0,y_0)$处存在，$f_y'(x,y)$在点$(x_0,y_0)$处连续，证明：$f(x,y)$在点$(x_0,y_0)$处可微.

**证**　由于

$$\begin{aligned}
&f(x_0+\Delta x,y_0+\Delta y)-f(x_0,y_0)\\
&=\left[f(x_0+\Delta x,y_0+\Delta y)-f(x_0+\Delta x,y_0)\right]-\left[f(x_0+\Delta x,y_0)-f(x_0,y_0)\right]\\
&=f_y'(x_0+\Delta x,y_0+\theta\Delta y)\Delta y+f_x'(x_0,y_0)\Delta x+\varepsilon_1\Delta x \qquad (\theta\in(0,1))\\
&=\left[f_y'(x_0,y_0)+\varepsilon_2\right]\Delta y+f_x'(x_0,y_0)\Delta x+\varepsilon_1\Delta x\\
&=f_x'(x_0,y_0)\Delta x+f_y'(x_0,y_0)\Delta y+\varepsilon_1\Delta x+\varepsilon_2\Delta y,
\end{aligned}$$

式中，$\varepsilon_1\to 0(\Delta x\to 0)$，$\varepsilon_2\to 0(\Delta y\to 0)$，故 $f$ 在点 $(x_0,y_0)$ 处可微.

## 6.2.4 对微分方程进行变量替换

**例 6-2-9** 设 $u=u(x,y)$ 在 $x^2+y^2>0$ 上可微，令 $x=r\cos\theta$，$y=r\sin\theta$. 在 $(x,y)$ 点处做单位向量 $\boldsymbol{e}_r,\boldsymbol{e}_\theta$. 向量 $\boldsymbol{e}_r$ 表示 $\theta$ 固定沿 $r$ 增大的方向，$\boldsymbol{e}_\theta$ 表示 $r$ 固定沿 $\theta$ 增大的方向. 证明:

$$\frac{\partial u}{\partial \boldsymbol{e}_r}=\frac{\partial u}{\partial r},\quad \frac{\partial u}{\partial \boldsymbol{e}_\theta}=\frac{1}{r}\cdot\frac{\partial u}{\partial \theta}.$$

**证** 因为

$$\boldsymbol{e}_r=(\cos\theta,\sin\theta),$$

$$\boldsymbol{e}_\theta=\left(\cos\left(\theta+\frac{\pi}{2}\right),\sin\left(\theta+\frac{\pi}{2}\right)\right)=(-\sin\theta,\cos\theta),$$

所以

$$\frac{\partial u}{\partial \boldsymbol{e}_r}=\frac{\partial u}{\partial x}\cos\theta+\frac{\partial u}{\partial y}\sin\theta,$$

$$\frac{\partial u}{\partial \boldsymbol{e}_\theta}=\frac{\partial u}{\partial x}(-\sin\theta)+\frac{\partial u}{\partial y}\cos\theta.$$

由复合函数求偏导数得

$$\frac{\partial u}{\partial r}=\frac{\partial u}{\partial x}\cos\theta+\frac{\partial u}{\partial y}\sin\theta,$$

$$\frac{\partial u}{\partial \theta}=\frac{\partial u}{\partial x}(-r\sin\theta)+\frac{\partial u}{\partial y}r\cos\theta,$$

故

$$\frac{\partial u}{\partial \boldsymbol{e}_r}=\frac{\partial u}{\partial r},$$

$$\frac{\partial u}{\partial \boldsymbol{e}_\theta}=\frac{1}{r}\frac{\partial u}{\partial \theta}.$$

**例 6-2-10** 试用变换 $u=x^2-y^2$，$v=2xy$ 将方程 $\frac{\partial^2 W}{\partial x^2}+\frac{\partial^2 W}{\partial y^2}=0$ 变成关于 $u$ 和 $v$ 的方程.

**解** 由于

$$\frac{\partial W}{\partial x}=\frac{\partial W}{\partial u}\cdot\frac{\partial u}{\partial x}+\frac{\partial W}{\partial v}\cdot\frac{\partial v}{\partial x}=2x\frac{\partial W}{\partial u}+2y\frac{\partial W}{\partial v},$$

所以

$$\begin{aligned}\frac{\partial^2 W}{\partial x^2}&=2\frac{\partial W}{\partial u}+2x\frac{\partial}{\partial x}\left(\frac{\partial W}{\partial u}\right)+2y\frac{\partial}{\partial x}\left(\frac{\partial W}{\partial v}\right)\\&=2\frac{\partial W}{\partial u}+2x\left(2x\frac{\partial^2 W}{\partial u^2}+2y\frac{\partial^2 W}{\partial u\partial v}\right)+2y\left(2x\frac{\partial^2 W}{\partial v\partial u}+2y\frac{\partial^2 W}{\partial v^2}\right)\\&=2\frac{\partial W}{\partial u}+4x^2\frac{\partial^2 W}{\partial u^2}+4xy\frac{\partial^2 W}{\partial u\partial v}+4xy\frac{\partial^2 W}{\partial v\partial u}+4y^2\frac{\partial^2 W}{\partial v^2}.\end{aligned}$$

同理，可得

$$\frac{\partial^2 W}{\partial y^2}=-2\frac{\partial W}{\partial u}+4y^2\frac{\partial^2 W}{\partial u^2}-4xy\frac{\partial^2 W}{\partial u\partial v}-4xy\frac{\partial^2 W}{\partial v\partial u}+4x^2\frac{\partial^2 W}{\partial v^2}.$$

上述两式相加得

$$\frac{\partial^2 W}{\partial x^2}+\frac{\partial^2 W}{\partial y^2}=\left(4x^2+4y^2\right)\left(\frac{\partial^2 W}{\partial u^2}+\frac{\partial^2 W}{\partial v^2}\right).$$

故原方程转化为

$$\frac{\partial^2 W}{\partial u^2}+\frac{\partial^2 W}{\partial v^2}=0.$$

---

**例 6-2-11**　设 $n$ 为整数，若 $\forall t>0$，$f(tx,ty)=t^n f(x,y)$，则称 $f(x,y)$ 是 $n$ 次齐次函数. 证明：$f(x,y)$ 是零次齐次函数的充要条件是

$$x\frac{\partial f}{\partial x}+y\frac{\partial f}{\partial y}=0.$$

**证**　必要性：由条件知，$\forall t>0$，有 $f(tx,ty)=f(x,y)$，对 $t$ 求导得

$$xf_x'(tx,ty)+yf_y'(tx,ty)=0,$$

令 $t=1$ 得

$$xf_x'(x,y)+yf_y'(x,y)=0.$$

充分性：令 $x=r\cos\theta,\ y=r\sin\theta$，于是有

$$\frac{\partial f}{\partial r}=\frac{\partial f}{\partial x}\cos\theta+\frac{\partial f}{\partial y}\sin\theta=\frac{1}{r}\left(x\frac{\partial f}{\partial x}+y\frac{\partial f}{\partial y}\right)=0.$$

上式说明 $f$ 在极坐标系里只是 $\theta=\arctan\left(\frac{y}{x}\right)$ 的函数，这等价于 $f(x,y)$ 只是 $\frac{y}{x}$ 的函数，不妨记 $f(x,y)=\varphi\left(\frac{y}{x}\right)$，显然 $\varphi$ 是零次齐次函数.

---

### 6.2.5 隐函数

**例 6-2-12** 证明：当 $-\varepsilon < x < \varepsilon$ 时，存在唯一的可微函数 $y = y(x)$ 满足方程

$$x = y + \varphi(y),$$

并且 $y(0) = 0$. 其中 $\varphi(0) = 0$，并且当 $-a < y < a$ 时 $\varphi'(y)$ 连续且满足 $|\varphi'(y)| \leqslant k < 1$.

**证** 设 $F(x,y) = x - y - \varphi(y)$，则

i）由于 $\varphi(0) = 0$，故 $F(0,0) = 0$；

ii）当 $-\infty < x < +\infty$，$-a < y < a$ 时，$F(x,y)$ 和 $F_x'(x,y)$ 以及 $F_y'(x,y) = -1 - \varphi'(y)$ 均连续；

iii）$F_y'(0,0) = -1 - \varphi'(0) < 0$，当然 $F_y'(0,0) \neq 0$.

由隐函数的存在定理知，存在 $\varepsilon > 0$，使得当 $-\varepsilon < x < \varepsilon$ 时存在唯一的可微函数 $y = y(x)$ 满足方程 $x = y + \varphi(y)$，且 $y(0) = 0$.

**例 6-2-13** 设 $y = y(x)$ 为由方程 $x = ky + \varphi(y)$ 所定义的隐函数，式中，常数 $k \neq 0$，且 $\varphi(y)$ 是以 $\omega$ 为周期的可微周期函数，$|\varphi'(y)| < |k|$. 证明：

$$y = \frac{x}{k} + \psi(x),$$

式中，$\psi(x)$ 是以 $|k|\omega$ 为周期的周期函数.

**证** $x = ky + \varphi(y)$ 两端对 $y$ 求导得 $\dfrac{\mathrm{d}x}{\mathrm{d}y} = k + \varphi'(y)$.

又由于 $|\varphi'(y)| < |k|$，故 $\dfrac{\mathrm{d}x}{\mathrm{d}y}$ 与 $k$ 同号，即 $x$ 为 $y$ 的严格单调函数且连续.

由于 $\varphi(y)$ 是连续且以 $\omega$ 为周期的函数，故 $\varphi(y)$ 有界. 从而：

当 $k > 0$ 时，$\lim\limits_{y\to-\infty} x = -\infty$，$\lim\limits_{y\to+\infty} x = +\infty$；

当 $k < 0$ 时，$\lim\limits_{y\to-\infty} x = +\infty$，$\lim\limits_{y\to+\infty} x = -\infty$.

由此可知，其反函数 $y = y(x)$ 存在且唯一，是 $-\infty < x < +\infty$ 上有定义的严格单调可微分函数. 令 $y - \dfrac{x}{k} = \psi(x)(-\infty < x < +\infty)$，则由 $x = ky(x) + \varphi(y(x))$，$\varphi(y(x) + \omega) = \varphi(y(x))$ 可得

$$x + k\omega = ky(x) + \varphi(y(x)) + k\omega = k(y(x) + \omega) + \varphi(y(x) + \omega).$$

从而，根据反函数的唯一性得

$$y(x + k\omega) = y(x) + \omega(-\infty < x < +\infty),$$

于是有

$$\psi(x + k\omega) = y(x + k\omega) - \frac{x + k\omega}{k} = y(x) - \frac{x}{k} = \psi(x) \qquad (-\infty < x < +\infty).$$

同理可证

$$\psi(x - k\omega) = \psi(x) \qquad (-\infty < x < +\infty).$$

故 $\psi(x)$ 是以 $|k|\omega$ 为周期的可微周期函数，于是有

$$y=y(x)=\frac{x}{k}+\psi(x).$$

---

**例 6-2-14**　设 $x=x(y,z)$，$y=y(z,x)$，$z=z(x,y)$ 为由方程 $F(x,y,z)=0$ 所确定的隐函数. 证明：$\frac{\partial x}{\partial y}\cdot\frac{\partial y}{\partial z}\cdot\frac{\partial z}{\partial x}=-1$.

**证**　由隐函数定理知

$$\frac{\partial x}{\partial y}=-\frac{\frac{\partial F}{\partial y}}{\frac{\partial F}{\partial x}},\quad \frac{\partial y}{\partial z}=-\frac{\frac{\partial F}{\partial z}}{\frac{\partial F}{\partial y}},\quad \frac{\partial z}{\partial x}=-\frac{\frac{\partial F}{\partial x}}{\frac{\partial F}{\partial z}},$$

所以

$$\frac{\partial x}{\partial y}\cdot\frac{\partial y}{\partial z}\cdot\frac{\partial z}{\partial x}=-1.$$

---

**例 6-2-15**　求由方程 $f(x-y,y-z,z-x)=0$ 所确定的函数 $z=z(x,y)$ 的微分.

**解**　由一阶微分形式的不变性，对方程求微分得

$$f_1'(\mathrm{d}x-\mathrm{d}y)+f_2'(\mathrm{d}y-\mathrm{d}z)+f_3'(\mathrm{d}z-\mathrm{d}x)=0,$$

解出

$$\mathrm{d}z=\frac{f_1'-f_3'}{f_2'-f_3'}\mathrm{d}x+\frac{f_2'-f_1'}{f_2'-f_3'}\mathrm{d}y\quad (f_2'-f_3'\neq 0).$$

---

**例 6-2-16**　方程 $x+y+z=\mathrm{e}^z$，对函数 $z=z(x,y)$ 求一阶和二阶的偏导函数.

**解**　等式两边求微分得

$$\mathrm{d}x+\mathrm{d}y+\mathrm{d}z=\mathrm{e}^z\mathrm{d}z,\tag{6-2-16-1}$$

故

$$\mathrm{d}z=\frac{1}{\mathrm{e}^z-1}(\mathrm{d}x+\mathrm{d}y)=\frac{1}{x+y+z-1}(\mathrm{d}x+\mathrm{d}y),$$

于是有

$$\frac{\partial z}{\partial x}=\frac{\partial z}{\partial y}=\frac{1}{x+y+z-1}.$$

将式（6.2.16-1）求微分一次得

$$\mathrm{d}^2z=\mathrm{e}^z\mathrm{d}^2z+\mathrm{e}^z\mathrm{d}z^2,$$

或

$$\mathrm{d}^2z=-\frac{\mathrm{e}^z}{\mathrm{e}^z-1}(\mathrm{d}z)^2=-\frac{\mathrm{e}^z}{(\mathrm{e}^z-1)^3}(\mathrm{d}x^2+2\mathrm{d}x\mathrm{d}y+\mathrm{d}y^2).$$

因此

$$\frac{\partial^2 z}{\partial x^2}=\frac{\partial^2 z}{\partial x\partial y}=\frac{\partial^2 z}{\partial y^2}$$
$$=-\frac{e^z}{(e^z-1)^3}=-\frac{x+y+z}{(x+y+z-1)^3}.$$

## 习题 6-2

**6-2-1** 讨论函数 $f(x,y)=\begin{cases}\dfrac{xy}{\sqrt{x^2+y^2}}, & x^2+y^2\neq 0\\ 0, & x^2+y^2=0\end{cases}$ 在 $(0,0)$ 处的可微性.

**6-2-2** 设 $u=f(r,r\cos\theta)$ 有二阶连续偏导数，求 $\dfrac{\partial u}{\partial r}$、$\dfrac{\partial u}{\partial \theta}$ 和 $\dfrac{\partial^2 u}{\partial r\partial \theta}$.

**6-2-3** 设 $u=\arccos\sqrt{\dfrac{x}{y}}$，验证：$\dfrac{\partial^2 u}{\partial x\partial y}=\dfrac{\partial^2 u}{\partial y\partial x}$.

**6-2-4** 设 $u=f(r)$，$r=\sqrt{x^2+y^2+z^2}$，若 $u$ 满足以下调和方程：

$$\nabla^2 u=\frac{\partial^2 u}{\partial x^2}+\frac{\partial^2 u}{\partial y^2}+\frac{\partial^2 u}{\partial z^2}=0,$$

试求函数 $u$.

**6-2-5** 证明：在变换 $u=\dfrac{x}{y}$，$v=x$，$w=xz-y$ 下，方程 $y\dfrac{\partial^2 z}{\partial y^2}+2\dfrac{\partial z}{\partial y}=\dfrac{2}{x}$ 可变成 $\dfrac{\partial^2 w}{\partial u^2}=0$.

**6-2-6** 证明：在变换 $u=\dfrac{y}{x}$，$v=xy$，$w=xz-y$ 下，方程

$$x^2\frac{\partial^2 z}{\partial x^2}+2xy\frac{\partial^2 z}{\partial x\partial y}+y^2\frac{\partial^2 z}{\partial y^2}=0$$

可变成

$$2v^2\frac{\partial^2 w}{\partial v^2}+v\frac{\partial w}{\partial v}=0.$$

**6-2-7** 设 $f$ 和 $F$ 可微，且 $\dfrac{\partial F}{\partial z}+\dfrac{\partial f}{\partial z}\cdot\dfrac{\partial F}{\partial y}\neq 0$，求由

$$\begin{cases}y=f(x,y)\\ F(x,y,z)=0\end{cases}$$

所确定的函数 $y(x)$ 和 $z(x)$ 的一阶导数.

**6-2-8** 对二次曲线

$$ax^2+2bxy+cy^2+2dx+2ey+f=0,$$

试证：

$$\frac{d^3}{dx^3}\left((y'')^{-\frac{2}{3}}\right)=0.$$

# 6.3 多元函数极值与最值

极值与最值是硕士研究生入学考试的热点，本节重点讨论极值与最值的求法.

## 6.3.1 无条件极值

【要点】 求无条件极值的步骤如下.

（1）求可疑点，包括：① 稳定点（偏导数为零的点）；② 偏导数不存在的点.

（2）对每个可疑点进行判断.

① 对偏导数不存在的点，利用定义进行判断.

② 对稳定点，利用二阶偏导数（或二阶微分），求出稳定点的 Hessian 矩阵 $\boldsymbol{H}$（或二阶微分 $\mathrm{d}^2 f$）. 若 $\boldsymbol{H}$ 正定（或者 $\mathrm{d}^2 f>0$），则该点为极小值点；若 $\boldsymbol{H}$ 负定（或者 $\mathrm{d}^2 f<0$），则该点为极大值点；若 $\boldsymbol{H}$ 不定（或者 $\mathrm{d}^2 f$ 符号不定），则该点不是极值点. 特别是二元函数 $z=f(x,y)$ 在稳定点 $P_0$ 处有 $\Delta=AC-B^2$，式中，$A=f_{xx}(P_0)$，$B=f_{xy}(P_0)$，$C=f_{yy}(P_0)$，则当 $\Delta>0$，$A>0$ 时，$P_0$ 为极小值点；当 $\Delta>0$，$A<0$ 时，$P_0$ 为极大值点；当 $\Delta<0$ 时，$P_0$ 不是极值点.

---

**例 6-3-1** 证明：函数 $z=f(x,y)=\left(1+\mathrm{e}^y\right)\cos x-y\mathrm{e}^y$ 有无穷多个极大值，但无极小值.

**证**

$$z'_x=-\left(1+\mathrm{e}^y\right)\sin x,$$
$$z'_y=(\cos x-1-y)\mathrm{e}^y.$$

令 $z'_x=0$，$z'_y=0$，可得无穷多个稳定点：

$$(x_n,y_n)=(n\pi,\cos n\pi-1)\quad(n=0,\pm1,\pm2,\cdots).$$

当 $n$ 为偶数时，在 $(x_n,y_n)$ 上，有

$$\Delta=z''_{xx}z''_{yy}-\left(z''_{xy}\right)^2=2>0,\ z''_{xx}=-2<0,$$

故 $z$ 在 $(2k\pi,0)\ (k=0,\pm1,\pm2,\cdots)$ 上取得极大值.

当 $n$ 为奇数时，在 $(x_n,y_n)$ 上，有

$$\Delta=z''_{xx}z''_{yy}-\left(z''_{xy}\right)^2=-\left(1+\mathrm{e}^{-2}\right)\mathrm{e}^{-2}<0,$$

故此处无极值.

综上，$z$ 有无穷多个极大值，但无极小值.

---

**例 6-3-2** 求由方程

$$x^2+y^2+z^2-2x+2y-4z-10=0$$

所确定的隐函数 $z=z(x,y)$ 的极值.

**解** 微分得

$$(x-1)\mathrm{d}x+(y+1)\mathrm{d}y+(z-2)\mathrm{d}z=0.$$

显见，当 $x=1$，$y=-1$ 时，$\mathrm{d}z=0$. 代入原方程可解得 $z=6$ 及 $z=-2$，并且当 $z=2$ 时不可微.

为判断极值，求二阶微分得

$$\mathrm{d}x^2+\mathrm{d}y^2+(z-2)\mathrm{d}^2z+\mathrm{d}z^2=0,$$

以 $x=1$，$y=-1$，$z=6$ 代入上式，并考虑 $\mathrm{d}z=0$，得

$$\mathrm{d}^2z=-\frac{1}{4}\left(\mathrm{d}x^2+\mathrm{d}y^2\right)<0 \qquad \left(\text{当}\,\mathrm{d}x^2+\mathrm{d}y^2\neq 0\text{时}\right).$$

故当 $x=1$，$y=-1$ 时，隐函数 $z$ 取得极大值 $z=6$.

同理可以判断：当 $x=1$，$y=-1$ 时，隐函数 $z$ 取得极小值 $z=-2$.

不难看出，$z=2$ 是球的切平面平行于 $Oz$ 轴的地方，因此，函数 $z$ 不能取得极值.

## 6.3.2 条件极值

**【要点】** 在条件 $\varphi_i(P)=0\,(i=1,\cdots,m)$ 下，求函数

$$z=f(P)=f(x_1,\cdots,x_n)$$

的极值，可归结为求拉格朗日函数

$$L(P)=f(P)+\sum_{i=1}^{m}\lambda_i\varphi_i(P)$$

的无条件极值.

具体方法是，针对 $L(P)$ 的稳定点 $P_0$，结合

$$\sum_{j=1}^{n}\frac{\partial\varphi_i(P)}{\partial x_j}\mathrm{d}x_j \qquad (i=1,\cdots,m)$$

判断 $\mathrm{d}^2L(P_0)$ 的符号，进而确定 $P_0$ 是否为极值点.

**例 6-3-3** 求函数

$$f(x,y,z)=x^4+y^4+z^4$$

在条件 $xyz=1$ 下的极值.

**解** 令 $L=x^4+y^4+z^4+\lambda(xyz-1)$，求解下列方程：

$$\begin{aligned}&L_x=4x^3+\lambda yz=0,\\&L_y=4y^3+\lambda xz=0,\\&L_z=4z^3+\lambda xy=0,\\&L_\lambda=xyz-1=0.\end{aligned} \qquad (6\text{-}3\text{-}3\text{-}1)$$

可得 4 组解：$(1,1,1)$，$(-1,-1,1)$，$(-1,1,-1)$，$(1,-1,-1)$.

记 $P_1=(1,1,1)$，由式（6-3-3-1）得 $\lambda=-4$，从而 $L$ 在点 $P_1$ 处的二阶偏导数分别为

$$L_{xx}=L_{yy}=L_{zz}=12,$$
$$L_{xy}=L_{yx}=L_{zx}=-4,$$

因此

$$d^2L(P_1)=12(dx^2+dy^2+dz^2)-8(dxdy+dydz+dzdx).$$

由 $xyz=1$ 知，在点 $P_1$ 处有

$$dz=-dx-dy,$$

进而有

$$\begin{aligned}d^2L(P_1)&=12(dx^2+dy^2+dz^2)-8[dxdy+(dx+dy)(-dx-dy)]\\&=12(dx^2+dy^2+dz^2)+4(dx^2+2dxdy+dy^2)+4dx^2+4dy^2\\&=12(dx^2+dy^2+dz^2)+4dz^2+4dx^2+4dy^2>0.\end{aligned}$$

所以 $f(x,y,z)$ 在点 $P_1$ 处取得极小值，极小值为 3.

由对称性可知，$f(x,y,z)$ 在其余三点处也取得极小值，且极小值均为 3.

### 6.3.3　最值

**【要点】**　求函数在有界闭区域内最值的一般方法：先求区域内部的极值，再求边界上的极值（条件极值），最后通过比较这些极值获得所求最值.

**例 6-3-4**　确定

$$f(x,y)=4x+xy^2+y^2$$

在圆域 $x^2+y^2\leqslant 1$ 内的最大值和最小值.

**解**　由于

$$f'_x(x,y)=4+y^2>0,$$

故在圆域内无极值，最大、最小值均在圆周：$x^2+y^2=1$ 上取得. 这时

$$f(x,y)=4x+xy^2+y^2=1+5x-x^2-x^3\equiv\psi(x),$$

因此

$$\psi'(x)=5-2x-3x^2=(5+3x)(1-x).$$

根据 $\psi'(x)$ 的符号可知，$\psi(x)$ 在 $[-1,1]$ 内 $x=-1$ 处取得最小值，$x=1$ 处取得最大值.

从而有

$$\max f(x,y)=f(1,0)=4,$$
$$\min f(x,y)=f(-1,0)=-4.$$

**例 6-3-5**　求函数

$$f(x,y,z)=xy^2z^3$$

的最大值，其中 $x^2+y^2+z^2=6r^2$，$r>0$，$x\geqslant 0$，$y\geqslant 0$，$z\geqslant 0$.

证明：对任意正数 $a$、$b$ 和 $c$，不等式

$$ab^2c^3 \leqslant 108\left(\frac{a+b+c}{6}\right)^6$$

成立.

**解** 设

$$L = xy^2z^3 + \lambda\left(x^2 + y^2 + z^2 - 6r^2\right),$$

令 $L_x = L_y = L_z = L_\lambda = 0$，解得

$$x = r,\ y = \sqrt{2}r,\ z = \sqrt{3}r,\ \lambda = -3\sqrt{3}r^4.$$

由于 $f(x,y,z)$ 在

$$D = \left\{(x,y,z) \middle| x^2 + y^2 + z^2 = 6r^2,\ x \geqslant 0, y \geqslant 0, z \geqslant 0\right\}$$

的边界上取最小值 0，故最大值一定在 $D$ 的内部取得，即当 $x = r,\ y = \sqrt{2}r,\ z = \sqrt{3}r$ 时，$f(x,y,z)$ 取得最大值，最大值为 $6\sqrt{3}r^6$. 于是有

$$xy^2z^3 \leqslant 6\sqrt{3}r^6,$$

两边平方得

$$x^2y^4z^6 \leqslant 108r^{12},$$

令 $a = x^2,\ b = y^2,\ c = z^2$，则

$$r = \frac{a+b+c}{6},$$

从而有

$$ab^2c^3 \leqslant 108\left(\frac{a+b+c}{6}\right)^6.$$

## 习题 6-3

**6-3-1** 求下列函数的极值：

(1) $z = x^4 + y^4 - x^2 - 2xy - y^2$；

(2) $u = x^3 + y^2 + z^2 + 12xy + 2z$.

**6-3-2** 求下列条件极值：

(1) $z = x^2 + y^2$，若 $\dfrac{x}{a} + \dfrac{y}{b} = 1$；

(2) $u = x^m y^n z^p$，若 $x + y + z = a(m > 0, n > 0, p > 0, a > 0)$.

**6-3-3** 求函数 $u = x^2 - y^2 + 2xy$ 在区域 $D: x^2 + y^2 \leqslant 1$ 内的最值.

**6-3-4** 用条件极值法证明不等式：

$$\frac{x_1^2 + \cdots + x_n^2}{n} \geqslant \left(\frac{x_1 + \cdots + x_n}{n}\right)^2 \qquad (x_i > 0,\ i = 1, \cdots, n).$$

# 6.4 重积分

## 6.4.1 二重积分

【要点】

(1) 若平面区域$D=\{(x,y):a\leqslant x\leqslant b,\varphi_1(x)\leqslant y\leqslant\varphi_2(x)\}$，则

$$\iint\limits_D f(x,y)\mathrm{d}x\mathrm{d}y=\int_a^b\mathrm{d}x\int_{\varphi_1(x)}^{\varphi_2(x)}f(x,y)\mathrm{d}y.$$

(2) 若平面区域$D=\{(x,y):c\leqslant y\leqslant d,\psi_1(y)\leqslant x\leqslant\psi_2(xy)\}$，则

$$\iint\limits_D f(x,y)\mathrm{d}x\mathrm{d}y=\int_c^d\mathrm{d}y\int_{\psi_1(y)}^{\psi_2(y)}f(x,y)\mathrm{d}x.$$

(3) 换元公式：

$$\iint\limits_D f(x,y)\mathrm{d}x\mathrm{d}y=\iint\limits_{D'}f(x(u,v),y(u,v))|J(u,v)|\mathrm{d}u\mathrm{d}v,$$

式中，$\begin{cases}x=x(u,v)\\y=y(u,v)\end{cases}$，$J(u,v)=\begin{vmatrix}x_u & x_v\\y_u & y_u\end{vmatrix}$.

---

**例 6-4-1** 设$f(x)$为在$a\leqslant x\leqslant b$内的连续函数，证明：对不等式

$$\left[\int_a^b f(x)\mathrm{d}x\right]^2\leqslant(b-a)\int_a^b f^2(x)\mathrm{d}x,$$

当且仅当$f(x)$为常数时等号成立.

**证** 因为

$$\begin{aligned}0&\leqslant\int_a^b\mathrm{d}x\int_a^b[f(x)-f(y)]^2\mathrm{d}y\\&=(b-a)\int_a^b f^2(x)\mathrm{d}x-2\left[\int_a^b f(x)\mathrm{d}x\right]^2+(b-a)\int_a^b f^2(y)\mathrm{d}y,\end{aligned}$$

所以

$$\left[\int_a^b f(x)\mathrm{d}x\right]^2\leqslant(b-a)\int_a^b f^2(x)\mathrm{d}x.$$

当$f(x)$为常数时，显然上式中的等号成立，则

$$\int_a^b\mathrm{d}x\int_a^b[f(x)-f(y)]^2\mathrm{d}y=0.$$

由于函数$F(x)=\int_a^b[f(x)-f(y)]^2\mathrm{d}y$是$a\leqslant x\leqslant b$上的非负连续函数，故$F(x)\equiv0(a\leqslant x\leqslant b)$. 特别有$F(a)=0$，即

$$\int_a^b[f(a)-f(y)]^2\mathrm{d}y=0.$$

又由于函数$G(y)=[f(a)-f(y)]^2$是$a\leqslant y\leqslant b$上的非负连续函数，故$G(y)\equiv0$. 因此，$f(y)\equiv f(a)(a\leqslant y\leqslant b)$，即$f(x)$为常数.

**例 6-4-2** 将二重积分 $\iint\limits_D f(x,y)\mathrm{d}x\mathrm{d}y$ 转化为累次积分，其中，域 $D$ 可能为以下两种情况：

（1）$D$ 是以 $O(0,0)$、$A(2,1)$ 和 $B(-2,1)$ 三点为顶点的三角形；（2）$D$ 是圆环 $1\leqslant x^2+y^2\leqslant 4$.

**解** （1）若先对 $x$ 积分后对 $y$ 积分，则

$$\iint\limits_D f(x,y)\mathrm{d}x\mathrm{d}y=\int_0^1\mathrm{d}y\int_{-2y}^{2y}f(x,y)\mathrm{d}x.$$

若先对 $y$ 积分后对 $x$ 积分，则

$$\begin{aligned}\iint\limits_D f(x,y)\mathrm{d}x\mathrm{d}y&=\int_{-2}^0\mathrm{d}x\int_{-\frac{1}{2}x}^1 f(x,y)\mathrm{d}y+\int_0^2\mathrm{d}x\int_{\frac{1}{2}x}^1 f(x,y)\mathrm{d}y\\&=\int_{-2}^2\mathrm{d}x\int_{\frac{1}{2}|x|}^1 f(x,y)\mathrm{d}y.\end{aligned}$$

（2）若先对 $y$ 积分后对 $x$ 积分，则

$$\begin{aligned}&\iint\limits_D f(x,y)\mathrm{d}x\mathrm{d}y\\&=\int_{-2}^1\mathrm{d}x\int_{-\sqrt{4-x^2}}^{\sqrt{4-x^2}}f(x,y)\mathrm{d}y+\int_{-1}^1\mathrm{d}x\left\{\int_{-\sqrt{4-x^2}}^{-\sqrt{1-x^2}}f(x,y)\mathrm{d}y+\int_{\sqrt{1-x^2}}^{\sqrt{4-x^2}}f(x,y)\mathrm{d}y\right\}+\\&\int_1^2\mathrm{d}x\int_{-\sqrt{4-x^2}}^{\sqrt{4-x^2}}f(x,y)\mathrm{d}y\end{aligned}$$

若先对 $x$ 积分后对 $y$ 积分，则

$$\begin{aligned}&\iint\limits_D f(x,y)\mathrm{d}x\mathrm{d}y\\&=\int_{-2}^{-1}\mathrm{d}y\int_{-\sqrt{4-y^2}}^{\sqrt{4-y^2}}f(x,y)\mathrm{d}x+\int_{-1}^1\mathrm{d}y\left\{\int_{-\sqrt{4-y^2}}^{-\sqrt{1-y^2}}f(x,y)\mathrm{d}x+\int_{\sqrt{1-y^2}}^{\sqrt{4-y^2}}f(x,y)\mathrm{d}x\right\}+\\&\int_1^2\mathrm{d}y\int_{-\sqrt{4-y^2}}^{\sqrt{4-y^2}}f(x,y)\mathrm{d}x.\end{aligned}$$

**例 6-4-3** 计算二重积分：

$$\iint\limits_D\frac{\mathrm{d}x\mathrm{d}y}{\sqrt{2a-x}}(a>0),$$

式中，$D$ 是由圆心为点 $(a,a)$、半径为 $a$ 且与坐标轴相切的圆周的较短弧和坐标轴所围成的区域.

**解**

$$\begin{aligned}\iint\limits_D\frac{\mathrm{d}x\mathrm{d}y}{\sqrt{2a-x}}&=\int_0^a\frac{\mathrm{d}x}{\sqrt{2a-x}}\int_0^{a-\sqrt{2ax-x^2}}\mathrm{d}y\\&=\int_0^a\frac{a\mathrm{d}x}{\sqrt{2a-x}}-\int_0^a\sqrt{x}\mathrm{d}x=\left[2\sqrt{2}-\frac{8}{3}\right]a\sqrt{a}.\end{aligned}$$

**例 6-4-4** 计算二重积分：

$$\iint\limits_{|x|\leqslant 1,0\leqslant y\leqslant 2}\sqrt{|y-x^2|}\mathrm{d}x\mathrm{d}y.$$

**解**

$$\begin{aligned}
\text{原式} &= \iint\limits_{|x|\leqslant 1, x^2\leqslant y\leqslant 2} \sqrt{\left|y-x^2\right|}\mathrm{d}x\mathrm{d}y + \iint\limits_{|x|\leqslant 1, 0\leqslant y\leqslant x^2} \sqrt{\left|y-x^2\right|}\mathrm{d}x\mathrm{d}y \\
&= \int_{-1}^{1}\mathrm{d}x\int_{x^2}^{2}\sqrt{y-x^2}\mathrm{d}y + \int_{-1}^{1}\mathrm{d}x\int_{0}^{x^2}\sqrt{x^2-y}\mathrm{d}y \\
&= \frac{\pi}{2}+\frac{5}{3}.
\end{aligned}$$

---

**例 6-4-5**　计算二重积分:

$$\iint\limits_{\pi^2\leqslant x^2+y^2\leqslant 4\pi^2} \sin\sqrt{x^2+y^2}\mathrm{d}x\mathrm{d}y.$$

**解**

$$\text{原式} = \int_0^{2\pi}\mathrm{d}\varphi\int_{\pi}^{2\pi} r\sin r\mathrm{d}r = 2\pi\int_{\pi}^{2\pi} r\sin r\mathrm{d}r = -6\pi^2.$$

---

**例 6-4-6**　计算二重积分:

$$\iint\limits_{D}\sqrt{1-\frac{x^2}{a^2}-\frac{y^2}{b^2}}\mathrm{d}x\mathrm{d}y,$$

式中，$D$ 是由椭圆 $\dfrac{x^2}{a^2}+\dfrac{y^2}{b^2}=1$ 所围成的区域.

**解**　进行变换: $x=ar\cos\theta$，$y=br\sin\theta$，则域 $D$ 变为域 $D'=\{0\leqslant r\leqslant 1,\ 0\leqslant\theta\leqslant 2\pi\}$，且雅可比公式为 $|J|=abr$. 于是有

$$\text{原式} = \int_0^{2\pi}\mathrm{d}\varphi\int_0^1 ab\sqrt{1-r^2}r\mathrm{d}r = 2\pi ab\int_0^1\sqrt{1-r^2}r\mathrm{d}r = \frac{2\pi ab}{3}.$$

---

**例 6-4-7**　试通过变换 $u=x+y$ 和 $v=x-y$ 将二重积分 $\int_0^2\mathrm{d}x\int_{1-x}^{2-x}f(x,y)\mathrm{d}y$ 化为关于 $u$ 和 $v$ 的二重积分.

**解**　进行变换: $u=x+y$ 和 $v=x-y$，则域 $\Omega=\{0\leqslant x\leqslant 2, 1-x\leqslant y\leqslant 2-x\}$ 变为 $\Omega'=\{1\leqslant u\leqslant 2, -u\leqslant v\leqslant 4-u\}$. 变换的雅可比公式为 $J=-\dfrac{1}{2}$，从而 $|J|=\dfrac{1}{2}$. 于是有

$$\int_0^2\mathrm{d}x\int_{1-x}^{2-x}f(x,y)\mathrm{d}y = \frac{1}{2}\int_1^2\mathrm{d}u\int_{-u}^{4-u}f\left(\frac{u+v}{2},\frac{u-v}{2}\right)\mathrm{d}v.$$

---

**例 6-4-8**　求由曲面 $z=xy$，$x+y+z=1$，以及直线 $z=0$ 所围立体的体积.

**解**　体积 $V$ 由两部分组成，即

$$V_1: 0\leqslant x\leqslant 1,\quad 0\leqslant y\leqslant\frac{1-x}{1+x},\quad z=xy.$$

$$V_2: 0\leqslant x\leqslant 1,\quad \frac{1-x}{1+x}\leqslant y\leqslant 1-x,\quad z=1-x-y.$$

它们在 $xOy$ 坐标平面上的射影域 $\Omega_1$ 及 $\Omega_2$ 如图 6.4.1 所示. 于是，所求的体积为

$$V=V_1+V_2=\int_0^1 x\,\mathrm{d}x\int_0^{\frac{1-x}{1+x}} y\mathrm{d}y+\int_0^1\mathrm{d}x\int_{\frac{1-x}{1+x}}^{1-x}(1-x-y)\mathrm{d}y$$

$$=\left[-\frac{11}{4}+4\ln 2\right]+\left[\frac{25}{6}-6\ln 2\right]=\frac{17}{12}-2\ln 2 .$$

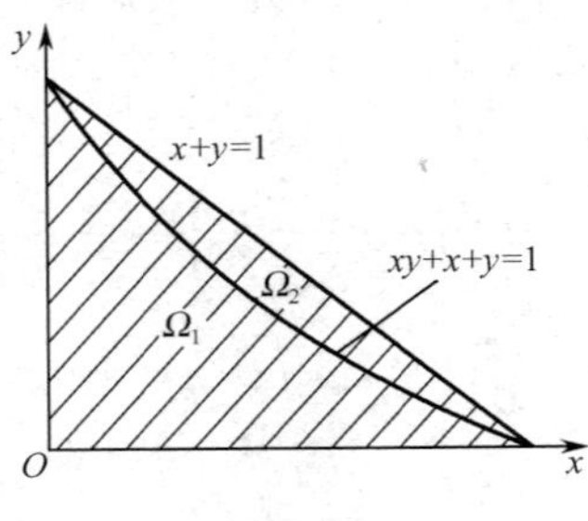


图 6.4.1

## 6.4.2 三重积分

**【要点】**

（1）若空间区域 $\Omega=\{(x,y,z)|(x,y)\in D_{xy},\ z_1(x,y)\leqslant z\leqslant z_2(x,y)\}$，式中，$D_{xy}$ 为 $\Omega$ 在 $xOy$ 坐标平面上的投影，则

$$\iiint_{\Omega} f(x,y,z)\mathrm{d}x\mathrm{d}y\mathrm{d}z=\iint_{D_{xy}}\mathrm{d}x\mathrm{d}y\int_{z_1(x,y)}^{z_2(x,y)} f(x,y,z)\mathrm{d}z .$$

（2）若空间区域 $\Omega=\{(x,y,z)|e\leqslant z\leqslant h,(x,y)\in D_z\}$，式中，$D_z$ 是截面 $\{(x,y)|(x,y,z)\in\Omega\}$，则

$$\iiint_{\Omega} f(x,y,z)\mathrm{d}x\mathrm{d}y\mathrm{d}z=\int_e^h\mathrm{d}z\iint_{D_z} f(x,y,z)\mathrm{d}x\mathrm{d}y .$$

（3）柱面坐标变换：

$$\iiint_{\Omega} f(x,y,z)\mathrm{d}x\mathrm{d}y\mathrm{d}z=\iiint_{\Omega'} f(r\cos\theta,r\sin\theta,z)r\mathrm{d}\theta\mathrm{d}r\mathrm{d}z .$$

（4）球面坐标变换：

$$\iiint_{\Omega} f(x,y,z)\mathrm{d}x\mathrm{d}y\mathrm{d}z=\iiint_{\Omega'} f(r\sin\varphi\cos\theta,r\sin\varphi\sin\theta,r\cos\varphi)r^2\sin\varphi\mathrm{d}\theta\mathrm{d}\varphi\mathrm{d}r .$$

**例 6-4-9** 计算三重积分：

$$\iiint_{\Omega}\sqrt{x^2+y^2}\mathrm{d}x\mathrm{d}y\mathrm{d}z ,$$

式中，$\Omega$ 是由曲面 $x^2+y^2=z^2$ 和直线 $z=1$ 所围区域.

**解** 曲面在 $xOy$ 坐标平面上的投影 $D$ 为圆盘 $x^2+y^2\leqslant 1$．于是有

$$\begin{aligned}原式&=\iint_D \mathrm{d}x\mathrm{d}y\int_{\sqrt{x^2+y^2}}^{1}\sqrt{x^2+y^2}\,\mathrm{d}z\\&=\iint_D\left[\sqrt{x^2+y^2}-\left(x^2+y^2\right)\right]\mathrm{d}x\mathrm{d}y\\&=\int_0^{2\pi}\mathrm{d}\theta\int_0^1\left(r-r^2\right)r\mathrm{d}r=\frac{\pi}{6}.\end{aligned}$$

**例 6-4-10** 计算三重积分:

$$\iiint_V\left(x^2+y^2\right)\mathrm{d}x\mathrm{d}y\mathrm{d}z,$$

式中，$V$ 是由曲面 $x^2+y^2=2z$ 和直线 $z=2$ 所围区域.

**解** 令 $x=r\cos\varphi$，$y=r\sin\varphi$，$z=z$，则 $x^2+y^2=2z$ 转化为 $r^2=2z$．从而，$V$：$0\leqslant\varphi\leqslant 2\pi$，$0\leqslant r\leqslant 2$，$\dfrac{r^2}{2}\leqslant z\leqslant 2$，雅可比公式为 $|J|=r$．于是有

$$原式=\int_0^{2\pi}\mathrm{d}\varphi\int_0^2 r^2 r\mathrm{d}r\int_{\frac{r^2}{2}}^{2}\mathrm{d}z=\frac{16\pi}{3}.$$

**例 6-4-11** 计算三重积分:

$$\iiint_V\sqrt{x^2+y^2+z^2}\,\mathrm{d}x\mathrm{d}y\mathrm{d}z,$$

式中，$V$ 是由曲面 $x^2+y^2+z^2=z$ 所围区域.

**解** 令 $x=r\sin\varphi\cos\theta$，$y=r\sin\varphi\sin\theta$，$z=r\cos\varphi$，则 $x^2+y^2+z^2=z$ 转化为 $r=\cos\varphi$．从而，$V$：$0\leqslant\theta\leqslant 2\pi$，$0\leqslant\varphi\leqslant\dfrac{\pi}{2}$，$0\leqslant r\leqslant\sin\varphi$，雅可比公式为 $|J|=r^2\sin\varphi$．于是有

$$原式=\int_0^{2\pi}\mathrm{d}\theta\int_0^{\frac{\pi}{2}}\mathrm{d}\varphi\int_0^{\cos\varphi}r^3\sin\varphi\mathrm{d}r=\frac{1}{4}\int_0^{2\pi}\mathrm{d}\varphi\int_0^{\frac{\pi}{2}}\cos^4\varphi\sin\varphi\mathrm{d}\varphi=\frac{\pi}{10}.$$

**例 6-4-12** 计算三重积分:

$$\iiint_V\sqrt{1-\frac{x^2}{a^2}-\frac{y^2}{b^2}-\frac{z^2}{c^2}}\,\mathrm{d}x\mathrm{d}y\mathrm{d}z,$$

式中，$V$ 是由椭球面 $\dfrac{x^2}{a^2}+\dfrac{y^2}{b^2}+\dfrac{z^2}{c^2}=1$ 所围区域.

**解** 令 $x=ar\sin\varphi\cos\theta$，$y=br\sin\varphi\sin\theta$，$z=cr\cos\varphi$，雅可比公式为 $|J|=abcr^2\sin\varphi$，且 $V$：$0\leqslant\theta\leqslant\dfrac{\pi}{2}$，$0\leqslant\varphi\leqslant\dfrac{\pi}{2}$，$0\leqslant r\leqslant 1$．于是有

$$\begin{aligned}原式&=8\int_0^{2\pi}\mathrm{d}\theta\int_0^{\frac{\pi}{2}}\mathrm{d}\varphi\int_0^1 abcr^2\sin\varphi\sqrt{1-r^2}\,\mathrm{d}r\\&=4\pi\int_0^1 abcr^2\sqrt{1-r^2}\,\mathrm{d}r=4\pi abc\int_0^{\frac{\pi}{2}}\sin^2 t\cos^2 t\mathrm{d}t\\&=\frac{\pi abc}{2}\int_0^{\frac{\pi}{2}}\left(1-\cos 4t\right)\mathrm{d}t=\frac{\pi^2 abc}{4}.\end{aligned}$$

**例 6-4-13** 求由曲面 $az=x^2+y^2$，$z=\sqrt{x^2+y^2}$ $(a>0)$ 所围立体的体积.

**解**

$$\begin{aligned}V&=\iiint_V \mathrm{d}x\mathrm{d}y\mathrm{d}z\\&=\int_0^{2\pi}\mathrm{d}\varphi\int_0^a r\mathrm{d}r\int_{\frac{r^2}{a}}^r \mathrm{d}z\\&=2\pi\int_0^a\left[r^2-\frac{r^3}{a}\right]\mathrm{d}r=\frac{\pi a^3}{6}.\end{aligned}$$

## 习题 6-4

**6-4-1** 计算积分：

$$\int_0^1\mathrm{d}y\int_1^y\left(\mathrm{e}^{-x^2}+\mathrm{e}^x\sin x\right)\mathrm{d}x.$$

**6-4-2** 计算下列积分：

（1）$\iint_D\left|xy-\frac{1}{4}\right|\mathrm{d}x\mathrm{d}y$，$D=[0,1]\times[0,1]$；

（2）$\iint_{x^2+y^2\leqslant 5}\operatorname{sgn}\left(x^2-y^2+3\right)\mathrm{d}x\mathrm{d}y$.

**6-4-3** 利用变量变换计算下列积分：

（1）$\iint_D\frac{1}{\left(x^2+y^2\right)^2}\mathrm{d}x\mathrm{d}y$，式中，$D$是圆$x^2+y^2=2x$内$x\geqslant 1$的区域；

（2）$\iint_D\frac{(x+y)\ln\left(1+\frac{y}{x}\right)}{\sqrt{2-x-y}}\mathrm{d}x\mathrm{d}y$，式中，$D$是$y=0$，$y=x$，$x+y=1$所围成的三角形区域.

**6-4-4** 计算下列积分：

（1）$\iiint_V(x+y+z)\mathrm{d}x\mathrm{d}y\mathrm{d}z$，式中，$V$是由平面$x+y+z=1$以及三个坐标平面所围成的区域；

（2）$\iiint_V x^2\sqrt{x^2+y^2}\mathrm{d}x\mathrm{d}y\mathrm{d}z$，式中，$V$是由曲面$z=\sqrt{x^2+y^2}$与$z=x^2+y^2$所围成的区域；

（3）$\iiint_V z^2\mathrm{d}x\mathrm{d}y\mathrm{d}z$，式中，$V$是由$x^2+y^2+z^2\leqslant 1$与$x^2+y^2+(z-1)^2\leqslant 1$所围成区域的公共部分.

**6-4-5** 求下列区域 $\Omega$ 的体积：

（1）$\Omega:\frac{x^2}{a^2}+\frac{y^2}{b^2}+\frac{z^2}{c^2}\leqslant 1$；

（2）$\Omega$ 由曲面 $z=x^2+y^2$，$xy=1xy=2$，以及直线$y=\frac{x}{2}$，$y=2x$，$z=0$ 所围成.

# 6.5　曲线积分与曲面积分

## 6.5.1　第一型曲线积分

【要点】 若 $L$ 为 $\mathbf{R}^n$ 中分段光滑简单曲线，且有参数表示 $L: x = x(t)(a \leqslant t \leqslant b)$，则弧微分为

$$ds = |x'(t)|dt = \sqrt{\sum_{i=1}^{n}\left[x_i'(t)\right]^2}dt,$$

从而有

$$\int_L f(x)ds = \int_a^b f(x(t))|x'(t)|dt.$$

**例 6-5-1** 计算第一型曲线积分:

$$I = \int_L \sqrt{x^2 + y^2}ds,$$

式中，$L: x^2 + y^2 = ax$.

**解** 方法 I）曲线的参数方程为

$$x = \frac{a}{2} + \frac{a}{2}\cos t, \quad y = \frac{a}{2}\sin t \qquad (0 \leqslant t \leqslant 2\pi).$$

因为

$$\begin{aligned} ds &= \sqrt{\left(\frac{a}{2}\sin t\right)^2 + \left(\frac{a}{2}\cos t\right)^2}dt \\ &= \frac{a}{2}dt, \end{aligned}$$

所以

$$\begin{aligned} I &= \int_L \sqrt{x^2 + y^2}ds \\ &= \int_0^{2\pi} \frac{a}{2}\sqrt{\frac{a^2(1+\cos t)}{2}}dt \\ &= \frac{a^2}{2}\int_0^{2\pi}\left|\cos\frac{t}{2}\right|dt \\ &= 2a^2\int_0^{\frac{\pi}{2}}\cos t dt = 2a^2. \end{aligned}$$

方法 II）由对称性，只需考虑沿上半部分圆周 $L_1: y = \sqrt{ax - x^2}\ (0 \leqslant x \leqslant a)$ 的积分，这时有

$$ds = \frac{a}{2}\frac{dx}{\sqrt{x(a-x)}},$$

所以

$$
\begin{aligned}
I &= 2\int_{L_1}\sqrt{x^2+y^2}\,\mathrm{d}s \\
&= 2\int_0^a \frac{a}{2}\sqrt{ax}\frac{\mathrm{d}x}{\sqrt{x(a-x)}} \\
&= a\sqrt{a}\int_0^a \frac{\mathrm{d}x}{\sqrt{a-x}} = 2a^2 .
\end{aligned}
$$

**例 6-5-2** 计算第一型曲线积分 $I=\int_L x^2\mathrm{d}s$，$L$ 为球面 $x^2+y^2+z^2=a^2$ 与平面 $x+y+z=0$ 的交线.

**解** 由对称性知

$$
\int_L x^2\mathrm{d}s=\int_L y^2\mathrm{d}s=\int_L z^2\mathrm{d}s ,
$$

所以

$$
\begin{aligned}
I &= \int_L x^2\mathrm{d}s=\frac{1}{3}\int_L\left(x^2+y^2+z^2\right)\mathrm{d}s \\
&= \frac{a^2}{3}\int_L \mathrm{d}s=\frac{a^2}{3}2\pi a=\frac{2}{3}\pi a^3 .
\end{aligned}
$$

### 6.5.2 第二型曲线积分与格林公式

**【要点】**

（1）若 $L$ 为分段光滑简单有向曲线，且有参数表示 $L: x=x(t)$， $y=y(t)$， $z=z(t)$， $t: a\to b$，则

$$
\begin{aligned}
&\int_L P(x,y,z)\mathrm{d}x+Q(x,y,z)\mathrm{d}y+R(x,y,z)\mathrm{d}z \\
&=\int_a^b\Big[P\big(x(t),y(t),z(t)\big)x'(t)+Q\big(x(t),y(t),z(t)\big)y'(t)+R\big(x(t),y(t),z(t)\big)z'(t)\Big]\mathrm{d}t.
\end{aligned}
$$

（2）设 $D$ 是 $\mathbf{R}^2$ 上有界闭区域， $P(x,y)$ 和 $Q(x,y)$ 在 $D$ 上均具有一阶连续偏导数，则

$$
\oint_L P\mathrm{d}x+Q\mathrm{d}y=\iint_D\left(\frac{\partial Q}{\partial x}-\frac{\partial P}{\partial y}\right)\mathrm{d}x\mathrm{d}y ,
$$

式中， $L$ 为 $D$ 的正向边界曲线.

**例 6-5-3** 计算第二型曲线积分 $I=\int_{AB} y\mathrm{d}x-x\mathrm{d}y$，其中，点 $A(1,1)$ 和 $B(2,4)$ 的连接分为两种情况：（1）$AB$ 为连接 $A$ 和 $B$ 的直线段；（2）$AB$ 为抛物线 $y=x^2$.

**解** （1）$AB$ 为直线段，方程为 $y=3x-2$，所以

$$
I=\int_1^2\big[(3x-2)-3x\big]\mathrm{d}x=-2 .
$$

（2）

$$
I=\int_1^2\left(x^2-x\cdot 2x\right)\mathrm{d}x=-\int_1^2 x^2\mathrm{d}x=-\frac{7}{3}.
$$

**例 6-5-4**　求第二型曲线积分 $I=\oint_L \frac{x\mathrm{d}y-y\mathrm{d}x}{x^2+y^2}$. 其中，$L$ 分为以下几种情况:

（1）$L$ 是圆周：$x^2+y^2=\varepsilon^2$；

（2）$L$ 是不过原点的简单、可求长闭曲线，且 $L$ 所围区域 $D$ 不含原点;

（3）$L$ 是环绕原点的简单、可求长闭曲线;

（4）$L$ 是环绕原点两圈的可求长闭曲线.

**解**

（1）$I=\oint_L \frac{x\mathrm{d}y-y\mathrm{d}x}{x^2+y^2}=\frac{1}{\varepsilon^2}\oint_L x\mathrm{d}y-y\mathrm{d}x=\frac{1}{\varepsilon^2}\iint_D 2\mathrm{d}x\mathrm{d}y=2\pi$

（2）令 $P=-\frac{y}{x^2+y^2}$，$Q=\frac{x}{x^2+y^2}$. 因为

$$\frac{\partial Q}{\partial x}=\frac{y^2-x^2}{x^2+y^2}=\frac{\partial P}{\partial y}\in C^1\left(\bar{D}\right),$$

所以由格林公式得

$$I=\int_L \frac{x\mathrm{d}y-y\mathrm{d}x}{x^2+y^2}=\iint_D\left(\frac{\partial Q}{\partial x}-\frac{\partial P}{\partial y}\right)\mathrm{d}x\mathrm{d}y=0.$$

（3）以原点为心，以 $\varepsilon$ 为半径作圆，圆周 $C_\varepsilon: x^2+y^2=\varepsilon^2$，逆时针方向，其中 $\varepsilon$ 小于原点到 $L$ 的距离. 记 $L$ 与 $C_\varepsilon$ 所围的区域为 $D$，$C_\varepsilon^-$ 表示顺时针方向的圆周，则由格林公式得

$$\oint_L \frac{x\mathrm{d}y-y\mathrm{d}x}{x^2+y^2}+\int_{C_\varepsilon}\frac{x\mathrm{d}y-y\mathrm{d}x}{x^2+y^2}=\iint_D\left(\frac{\partial Q}{\partial x}-\frac{\partial P}{\partial y}\right)\mathrm{d}x\mathrm{d}y=0.$$

由此推出

$$I=\int_L \frac{x\mathrm{d}y-y\mathrm{d}x}{x^2+y^2}=-\int_{C_\varepsilon}\frac{x\mathrm{d}y-y\mathrm{d}x}{x^2+y^2}=\int_{C_\varepsilon^-}\frac{x\mathrm{d}y-y\mathrm{d}x}{x^2+y^2}=2\pi.$$

（4）把绕原点两圈的曲线 $L$ 拆成两条绕原点的简单、可求长闭曲线的并集：$L=C_1+C_2$，则

$$I=\int_L \frac{x\mathrm{d}y-y\mathrm{d}x}{x^2+y^2}=\int_{C_1}\frac{x\mathrm{d}y-y\mathrm{d}x}{x^2+y^2}+\int_{C_2}\frac{x\mathrm{d}y-y\mathrm{d}x}{x^2+y^2}=4\pi.$$

### 6.5.3　第一型曲面积分

**【要点】**　若曲面 $S$ 的参数方程为 $x=x(u,v)$，$y=y(u,v)$，$z=z(u,v)$，$(u,v)\in D$，则

$$\mathrm{d}S=\sqrt{EG-F^2}\,\mathrm{d}u\mathrm{d}v,$$

式中，$E=x_u^2+y_u^2+z_u^2$，$F=x_u x_v+y_u y_v+z_u z_v$，$G=x_v^2+y_v^2+z_v^2$.

并且有

$$\iint_S f(x,y,z)\mathrm{d}S=\iint_D f\left(x(u,v),y(u,v),z(u,v)\right)\sqrt{EG-F^2}\,\mathrm{d}u\mathrm{d}v.$$

特别地，若曲面 $S$ 的参数方程为 $z=z(x,y)$，$(x,y)\in D$，则

$$\iint_S f(x,y,z)\mathrm{d}S=\iint_D f\left(x,y,z(x,y)\right)\sqrt{1+z_x^2+z_y^2}\,\mathrm{d}x\mathrm{d}y.$$

**例 6-5-5** 计算第一型曲面积分:

$$I=\iint_S (x+y+z)\,\mathrm{d}S\,,$$

式中，$S:x^2+y^2+z^2=a^2(z\geqslant 0)$.

**解** 由对称性知

$$\iint_S x\mathrm{d}S=\iint_S y\mathrm{d}S=0\,,$$

故得出

$$\begin{aligned}\mathrm{d}S&=\sqrt{1+\left(\frac{\partial z}{\partial x}\right)^2+\left(\frac{\partial z}{\partial y}\right)^2}\,\mathrm{d}x\mathrm{d}y\\&=\frac{a}{\sqrt{a^2-x^2-y^2}}\mathrm{d}x\mathrm{d}y=\frac{a}{z}\mathrm{d}x\mathrm{d}y\,.\end{aligned}$$

所以

$$I=\iint_S z\mathrm{d}S=\iint_{x^2+y^2\leqslant a^2} a\mathrm{d}x\mathrm{d}y=a\cdot\pi a^2=\pi a^3.$$

**例 6-5-6** 求积分:

$$\iint_{x^2+y^2+z^2=R^2}\frac{\mathrm{d}S}{\sqrt{x^2+y^2+(z-h)^2}}(h\neq R)\,,$$

**解** 令 $x=R\cos\theta\sin\varphi$，$y=R\sin\theta\sin\varphi$，$z=R\cos\varphi$ $(0\leqslant\theta\leqslant 2\pi,\ 0\leqslant\varphi\leqslant\pi)$，则

$$\begin{bmatrix}x'_\varphi & y'_\varphi & z'_\varphi\\ x'_\theta & y'_\theta & z'_\theta\end{bmatrix}=\begin{bmatrix}R\cos\theta\sin\varphi & R\sin\theta\cos\varphi & -R\sin\varphi\\ -R\sin\theta\sin\varphi & R\cos\theta\sin\varphi & 0\end{bmatrix}.$$

于是有

$$A=R^2\cos\theta\sin^2\varphi,\ B=R^2\sin\theta\sin^2\varphi,\ C=R^2\sin\varphi\cos\varphi\,,$$

$$\mathrm{d}S=\sqrt{A^2+B^2+C^2}\,\mathrm{d}\theta\mathrm{d}\varphi=R^2\sin^2\varphi\mathrm{d}\theta\mathrm{d}\varphi\,,$$

所以

$$\begin{aligned}I&=\int_0^{2\pi}\mathrm{d}\theta\int_0^{\pi}\frac{R^2\sin\varphi\mathrm{d}\varphi}{\sqrt{R^2-2Rh\cos\varphi+h^2}}\\&=\frac{\pi}{h}\int_0^{\pi}\frac{R\mathrm{d}\left(R^2-2Rh\cos\varphi+h^2\right)}{\sqrt{R^2-2Rh\cos\varphi+h^2}}\\&=\frac{2\pi r}{h}\sqrt{R^2-2Rh\cos\varphi+h^2}\Big|_0^{\pi}\\&=\frac{2\pi r}{h}\big[(R+h)-|R-h|\big]\\&=\begin{cases}\dfrac{4\pi R^2}{h}, & h>R\\ 4\pi R, & 0<h<R\end{cases}.\end{aligned}$$

## 6.5.4　第二型曲面积分与高斯公式

【要点】

（1）设 $R(x,y,z)$ 为定义在光滑有向曲面 $S:z=z(x,y)$，$(x,y)\in D$ 上的连续函数，则

$$\iint_S R(x,y,z)\mathrm{d}x\mathrm{d}y=\pm\iint_D R(x,y,z(x,y))\mathrm{d}x\mathrm{d}y.$$

式中，若 $S$ 取正侧，则积分取正号；若 $S$ 取负侧，则积分取负号.

（2）设 $V$ 是 $\mathbf{R}^3$ 上的有界闭区域，$P(x,y,z)$、$Q(x,y,z)$ 和 $R(x,y,z)$ 在 $V$ 上具有一阶连续偏导数，则

$$\oiint_S P\mathrm{d}y\mathrm{d}z+Q\mathrm{d}z\mathrm{d}x+R\mathrm{d}x\mathrm{d}y=\iiint_V\left(\frac{\partial P}{\partial x}+\frac{\partial Q}{\partial y}+\frac{\partial R}{\partial z}\right)\mathrm{d}x\mathrm{d}y\mathrm{d}z,$$

式中，$S$ 为 $V$ 的边界曲面，取外侧.

---

**例 6-5-7**　计算第二型曲面积分：

$$I=\oiint_{x^2+y^2+z^2=R^2}\frac{x\mathrm{d}y\mathrm{d}z+y\mathrm{d}z\mathrm{d}x+z\mathrm{d}x\mathrm{d}y}{(x^2+y^2+z^2)^{\frac{3}{2}}}.$$

**解**　方法 I）显然

$$I=\frac{1}{R^3}\oiint_{x^2+y^2+z^2=R^2}x\mathrm{d}y\mathrm{d}z+y\mathrm{d}z\mathrm{d}x+z\mathrm{d}x\mathrm{d}y.$$

因为球面的外侧单位法向量为 $\left(\frac{x}{R},\frac{y}{R},\frac{z}{R}\right)$，并且 $\frac{x}{R}\mathrm{d}S=\mathrm{d}y\mathrm{d}z$，$\frac{y}{R}\mathrm{d}S=\mathrm{d}z\mathrm{d}x$，$\frac{z}{R}\mathrm{d}S=\mathrm{d}x\mathrm{d}y$，所以

$$\begin{aligned}I&=\frac{1}{R^4}\oiint_{x^2+y^2+z^2=R^2}\left(x^2+y^2+z^2\right)\mathrm{d}S\\&=\frac{1}{R^2}\oiint_{x^2+y^2+z^2=R^2}\mathrm{d}S=4\pi.\end{aligned}$$

方法 II）令 $x=R\cos\theta\sin\varphi$，$y=R\sin\theta\sin\varphi$，$z=R\cos\varphi$ $(0\leqslant\theta\leqslant2\pi，0\leqslant\varphi\leqslant\pi)$，有

$$A=R^2\cos\theta\sin^2\varphi,\quad B=R^2\sin\theta\sin^2\varphi,\quad C=R^2\sin\varphi\cos\varphi.$$

因为曲面取外侧，为了使上半球面 $C>0$，所以计算公式中取正号，于是有

$$\begin{aligned}I&=\iint_{\substack{0\leqslant\theta\leqslant2\pi\\0\leqslant\varphi\leqslant\pi}}(R\cos\theta\sin\varphi\cdot R^2\cos\theta\sin^2\varphi+R\sin\theta\sin\varphi\cdot R^2\sin\theta\sin^2\varphi+R\cos\varphi\cdot R^2\sin\varphi\cos\varphi)\mathrm{d}\theta\mathrm{d}\varphi\\&=\frac{1}{R^3}\int_0^{2\pi}\mathrm{d}\theta\int_0^{\pi}R^3\sin\varphi\mathrm{d}\varphi\\&=2\pi\int_0^{\pi}\sin\varphi\mathrm{d}\varphi=4\pi.\end{aligned}$$

---

**例 6-5-8**　计算第二型曲面积分：

$$I=\oiint_S\frac{x\mathrm{d}y\mathrm{d}z+y\mathrm{d}z\mathrm{d}x+z\mathrm{d}x\mathrm{d}y}{(x^2+y^2+z^2)^{\frac{3}{2}}},$$

式中，$S$ 为以下几种情况.

（1）$S:x^2+y^2+z^2=\varepsilon^2$，外侧；

（2）$S$ 是不含原点在其内部的光滑闭曲面，外侧；

（3）$S$ 是含原点在其内部的光滑闭曲面，外侧.

**解** （1）

$$\begin{aligned}I&=\frac{1}{\varepsilon^3}\oint\!\!\!\oint_S x\mathrm{d}y\mathrm{d}z+y\mathrm{d}z\mathrm{d}x+z\mathrm{d}x\mathrm{d}y\\&=\iiint_V(1+1+1)\,\mathrm{d}x\mathrm{d}y\mathrm{d}z\\&=\frac{3}{\varepsilon^3}\cdot\frac{4}{3}\pi\varepsilon^3=4\pi\end{aligned}$$

（2）由 $P=\dfrac{x}{r^3}$，$Q=\dfrac{y}{r^3}$，$R=\dfrac{z}{r^3}$，$\boldsymbol{r}=x\boldsymbol{i}+y\boldsymbol{j}+z\boldsymbol{k}$，$r=|\boldsymbol{r}|$，可得

$$\frac{\partial P}{\partial x}=\frac{1}{r^3}-\frac{3x^2}{r^5},\quad \frac{\partial Q}{\partial y}=\frac{1}{r^3}-\frac{3y^2}{r^5},\quad \frac{\partial R}{\partial z}=\frac{1}{r^3}-\frac{3z^2}{r^5}.$$

所以

$$\begin{aligned}I&=\oint\!\!\!\oint_S\frac{x\mathrm{d}y\mathrm{d}z+y\mathrm{d}z\mathrm{d}x+z\mathrm{d}x\mathrm{d}y}{r^3}\\&=\iiint_V\left(\frac{\partial P}{\partial x}+\frac{\partial Q}{\partial y}+\frac{\partial R}{\partial z}\right)\mathrm{d}x\mathrm{d}y\mathrm{d}z\\&=\iiint_V 0\mathrm{d}x\mathrm{d}y\mathrm{d}z=0.\end{aligned}$$

（3）由于函数 $P$、$Q$、$R$ 及其偏导数在 $S$ 所围区域上不连续（在原点处不连续），因此作半径充分小的球面 $S_\varepsilon:x^2+y^2+z^2=\varepsilon^2$，取外侧，使 $S_\varepsilon$ 在 $S$ 所围区域内，记 $S_\varepsilon$ 与 $S$ 间的区域为 $V_\varepsilon$，注意有

$$I=\oint\!\!\!\oint_S\frac{x\mathrm{d}y\mathrm{d}z+y\mathrm{d}z\mathrm{d}x+z\mathrm{d}x\mathrm{d}y}{r^3}=\oint\!\!\!\oint_S\frac{\boldsymbol{r}\cdot\boldsymbol{n}}{r^3}\,\mathrm{d}S.$$

式中，$\boldsymbol{n}$ 为曲面 $S$ 的单位外法向量.

用 $S_\varepsilon^-$ 表示与曲面 $S_\varepsilon$ 取相反侧的有向曲面，则由高斯公式得

$$\oint\!\!\!\oint_S\frac{\boldsymbol{r}\cdot\boldsymbol{n}}{r^3}\,\mathrm{d}S+\oint\!\!\!\oint_{S_\varepsilon^-}\frac{\boldsymbol{r}\cdot\boldsymbol{n}}{r^3}\,\mathrm{d}S=\iiint_{V_\varepsilon}0\,\mathrm{d}x\mathrm{d}y\mathrm{d}z=0.$$

所以

$$I=\oint\!\!\!\oint_S\frac{\boldsymbol{r}\cdot\boldsymbol{n}}{r^3}\,\mathrm{d}S=-\oint\!\!\!\oint_{S_\varepsilon^-}\frac{\boldsymbol{r}\cdot\boldsymbol{n}}{r^3}\,\mathrm{d}S=\oint\!\!\!\oint_{S_\varepsilon}\frac{\boldsymbol{r}\cdot\boldsymbol{n}}{r^3}\,\mathrm{d}S=4\pi.$$

---

**例 6-5-9** 计算曲面积分：

$$I=\iint_S x^2\mathrm{d}y\mathrm{d}z+y^2\mathrm{d}z\mathrm{d}x+z^2\mathrm{d}x\mathrm{d}y.$$

式中，$S$ 为锥面 $x^2+y^2=z^2\,(0\leqslant z\leqslant h)$ 所示那部分的外侧.

**解** $S$ 不是封闭曲面，为此令 $S_1:z=h\left(x^2+y^2\leqslant h^2\right)$，取上侧，则

$$\iint_S x^2\mathrm{d}y\mathrm{d}z+y^2\mathrm{d}z\mathrm{d}x+z^2\mathrm{d}x\mathrm{d}y+\iint_{S_1} x^2\mathrm{d}y\mathrm{d}z+y^2\mathrm{d}z\mathrm{d}x+z^2\mathrm{d}x\mathrm{d}y$$
$$=\iiint_V 2(x+y+z)\mathrm{d}x\mathrm{d}y\mathrm{d}z=2\iiint_V z\mathrm{d}x\mathrm{d}y\mathrm{d}z$$
$$=2\int_0^h \mathrm{d}z\iint_{x^2+y^2\leqslant z^2} z\mathrm{d}x\mathrm{d}y$$
$$=2\int_0^h \pi z^3\mathrm{d}z=\frac{\pi}{2}h^4,$$

由此得出

$$I=\frac{\pi}{2}h^4-\iint_{S_1} x^2\mathrm{d}y\mathrm{d}z+y^2\mathrm{d}z\mathrm{d}x+z^2\mathrm{d}x\mathrm{d}y$$
$$=\frac{\pi}{2}h^4-\iint_{x^2+y^2\leqslant h^2} h^2\mathrm{d}x\mathrm{d}y$$
$$=\frac{\pi}{2}h^4=\frac{\pi}{2}h^4-\pi h^4=-\frac{\pi}{2}h^4.$$

## 6.5.5　斯托克斯公式

**【要点】**　设光滑曲面 $S$ 的边界 $L$ 是按段光滑的连续曲线. 若函数 $P$、$Q$ 和 $R$ 在 $S$（连同 $L$）上连续，且有一阶连续偏导数，则

$$\iint_S \begin{vmatrix} \mathrm{d}y\mathrm{d}z & \mathrm{d}z\mathrm{d}x & \mathrm{d}x\mathrm{d}y \\ \dfrac{\partial}{\partial x} & \dfrac{\partial}{\partial y} & \dfrac{\partial}{\partial z} \\ P & Q & R \end{vmatrix}=\iint_S \begin{vmatrix} \cos\alpha & \cos\beta & \cos\gamma \\ \dfrac{\partial}{\partial x} & \dfrac{\partial}{\partial y} & \dfrac{\partial}{\partial z} \\ P & Q & R \end{vmatrix}\mathrm{d}S$$
$$=\oint_L P\mathrm{d}x+Q\mathrm{d}y+R\mathrm{d}z,$$

式中，$S$ 的外侧与 $L$ 的方向按右手法则确定，$\boldsymbol{n}=(\cos\alpha,\cos\beta,\cos\gamma)$ 为 $S$ 的外单位法向量.

---

**例 6-5-10**　计算线积分 $I=\oint_C y\mathrm{d}x+z\mathrm{d}y+x\mathrm{d}z$，式中，$C$ 为球面 $x^2+y^2+z^2=a^2$ 与平面 $x+y+z=0$ 的交线，从 $Ox$ 轴正向看去，$C$ 是依逆时针方向进行的.

**解**　记 $S$ 是平面 $x+y+z=0$ 被球面 $x^2+y^2+z^2=a^2$ 所截下的那部分，即取平面的单位法向量

$$\boldsymbol{n}=(\cos\alpha,\cos\beta,\cos\gamma)=\left(\frac{1}{\sqrt{3}},\frac{1}{\sqrt{3}},\frac{1}{\sqrt{3}}\right).$$

由斯托克斯公式得

$$I=\int_C y\mathrm{d}x+z\mathrm{d}y+x\mathrm{d}z$$
$$=-\iint_S \mathrm{d}y\mathrm{d}z+\mathrm{d}z\mathrm{d}x+\mathrm{d}x\mathrm{d}y$$
$$=-\iint_S(\cos\alpha+\cos\beta+\cos\gamma)\mathrm{d}S$$
$$=-\iint_S\left(\frac{1}{\sqrt{3}}+\frac{1}{\sqrt{3}}+\frac{1}{\sqrt{3}}\right)\mathrm{d}S=-\sqrt{3}\pi a^2.$$

## 习题 6-5

**6-5-1** 计算积分：

$$\oint_L \ln\frac{1}{r}\mathrm{d}s,$$

式中，$L:\xi^2+\eta^2=1$，$r=\sqrt{(\xi-x)^2+(\eta-y)^2}$.

**6-5-2** 计算积分：

$$\int_{ABC}\frac{\mathrm{d}x+\mathrm{d}y}{|x|+|y|},$$

式中，$ABC$ 为三点 $A(1,0)$、$B(0,1)$和$C(-1,0)$ 所连的折线.

**6-5-3** 设 $L$ 为简单不经过原点的光滑闭曲线.

（1）计算积分：

$$\oint_L \cos(\boldsymbol{n},\boldsymbol{l})\mathrm{d}s,$$

式中，$\boldsymbol{l}$ 为给定的方向，$\boldsymbol{n}$ 为 $L$ 外法线方向.

（2）计算积分：

$$\int_L [x\cos(\boldsymbol{n},x)+y\cos(\boldsymbol{n},y)]\mathrm{d}s,$$

式中，$(\boldsymbol{n},x)$和$(\boldsymbol{n},y)$ 分别是 $x$ 轴、$y$ 轴的正向与 $L$ 外法线方向 $\boldsymbol{n}$ 之间的夹角.

（3）计算积分：

$$\oint_L \frac{\cos(\boldsymbol{n},\boldsymbol{r})}{r}\mathrm{d}s,$$

式中，$\boldsymbol{r}=xi+yj$，$r$ 表示向量 $\boldsymbol{r}$ 的模，$(\boldsymbol{n},\boldsymbol{r})$ 是 $L$ 外法线方向 $\boldsymbol{n}$ 与向量 $\boldsymbol{r}$ 的夹角.

**6-5-4** 计算积分：

$$\int_{OA}(y^2-\cos y)\mathrm{d}x+x\sin y\mathrm{d}y,$$

式中，$OA$ 是从原点 $O(0,0)$ 到 $A(0,0)$ 的弧，$y=\sin x$.

**6-5-5** 计算积分：

$$\iint_S z\mathrm{d}S,$$

式中，$S$ 是曲面 $x^2+y^2=2az(a>0)$ 被曲面 $z=\sqrt{x^2+y^2}$ 所截取的部分.

**6-5-6** 计算积分：

$$\iint_S (x^2-y^2)\,\mathrm{d}y\mathrm{d}z+(y^2-z^2)\mathrm{d}z\mathrm{d}x+(z^2-x^2)\mathrm{d}x\mathrm{d}y,$$

式中，$S$ 是 $\frac{x^2}{a^2}+\frac{y^2}{b^2}+\frac{z^2}{c^2}=1(z\geqslant 0)$ 的上侧.

**6-5-7** 计算积分：

$$\oiint\limits_{S} \frac{\cos(\boldsymbol{n},\boldsymbol{r})}{r^2}\mathrm{d}S\,,$$

式中，$S$ 是光滑封闭曲面，原点不在 $S$ 上，$\boldsymbol{r}=x\boldsymbol{i}+y\boldsymbol{j}+z\boldsymbol{k}$，$r$ 表示向量 $\boldsymbol{r}$ 的模，$(\boldsymbol{n},\boldsymbol{r})$ 是 $S$ 外法线方向 $\boldsymbol{n}$ 与向量 $\boldsymbol{r}$ 的夹角.

**6-5-8** 计算积分：

$$\oint_L x\mathrm{d}y-y\mathrm{d}x\,,$$

式中，$L$ 为上半球面 $x^2+y^2+z^2=1(z\geqslant 0)$ 与柱面 $x^2+y^2=x$ 的交线，从 $z$ 轴正向看过去，$L$ 为逆时针方向.

# 参 考 文 献

[1] 裴礼文. 数学分析中的典型问题与方法[M]. 3 版. 北京：高等教育出版社，2021.

[2] 费定晖，周学圣. 吉米多维奇数学分析习题集题解[M]. 4 版. 济南：山东科学技术出版社，2015.

[3] 林源渠，方企勤. 数学分析解题指南[M]. 北京：北京大学出版社，2003.

[4] 解惠民，等. 数学分析习题课讲义[M]. 北京：高等教育出版社，2003.

[5] 华东师范大学数学科学学院. 数学分析[M]. 5 版. 北京：高等教育出版社，2019.

# 反侵权盗版声明



举报电话：（010）88254396；（010）88258888
传　　真：（010）88254397
E-mail：　dbqq@phei.com.cn
通信地址：北京市海淀区万寿路 173 信箱
　　　　　电子工业出版社总编办公室
邮　　编：100036